Monographien zur Feuerungstechnik
Band 11

PRÜFANSTALT FÜR FEUERFESTE MATERIALIEN

Von

L. LITINSKY
Leipzig

*

MIT 83 ABBILDUNGEN IM TEXT

*

(Durchgesehener und erweiterter Sonderdruck
aus der Zeitschrift „Feuerfest-Ofenbau" 1930,
Heft 1—4)

Springer-Verlag Berlin Heidelberg GmbH 1930

ISBN 978-3-662-33477-5   ISBN 978-3-662-33875-9 (eBook)
DOI 10.1007/978-3-662-33875-9

Inhalt.

Gelegentlich einer Studienreise besuchte ich eine Reihe mustergültiger Prüfanstalten für feuerfeste Produkte. Die Besichtigung ergab, zusammen mit den Eindrücken aus den früheren Besuchen solcher Laboratorien an anderen Stellen, daß nicht allein die Methoden für die Prüfung feuerfester Materialien, sondern auch die angewandten Apparate trotz der seit Jahren bestehenden Normungsbestrebungen[1]) eine auffallende Verschiedenheit aufweisen. Diese Tatsache ist an und für sich erklärlich, denn die meisten Institute befassen sich nicht allein mit der Kontrollprüfung der bezogenen Stoffe und erzeugten Materialien sowie mit der Überwachung betrieblicher Vorgänge, sondern führen in bedeutendem Maße auch wissenschaftliche Forschungen durch. Letzteres gilt nicht allein für manche Institute der Erzeuger, sondern (in weitaus geringerem Maßstabe) auch für diejenigen der Verbraucher. Die Verschiedenheit der wissenschaftlichen Aufgaben bedingt jedoch unvermeidliche Abweichungen in der Anwendung von Apparaturen. Bedenkt man ferner, daß die Normung der Prüfmethoden sich kaum auf die Konstruktionseinzelheiten der Prüfapparate erstrecken kann und die Wissenschaft nicht stehenbleibt, so ist anzunehmen, daß auch in Zukunft der Laboratoriumsleiter bei Neueinrichtung oder Modernisierung seiner Anstalt häufig vor die Wahl nur eines Apparates aus der Reihe der auf den Markt für den gleichen Zweck gebrachten gestellt wird.

Es liegt in der Natur der Sache — und meine wiederholten Besichtigungen haben es bestätigt —, daß manche Vorsteher von Versuchsanstalten für feuerfeste Erzeugnisse häufig über neuere, zweckmäßigere Apparatekonstruktionen nicht unterrichtet sind, die bereits bei Konkurrenzfirmen in unmittelbarer Nachbarschaft mit Erfolg seit einiger Zeit verwandt werden. In einer viel schwierigeren Lage befinden sich Institute, Werke, Firmen usw., die, der Bedeutung der wissenschaftlichen Untersuchungsmethoden für feuerfeste Erzeugnisse Rechnung tragend, sich entschließen, solche Prüfanstalten überhaupt erst

---

[1]) Vgl. Abschnitt 24.

ins Leben zu rufen. Dieses kommt noch immer vor, trotzdem allein in Deutschland nach meiner Kenntnis rund an 80 Stellen feuerfeste Steine geprüft werden. Eine reichhaltige in- und ausländische Literatur unterrichtet uns zwar erfreulicherweise über eifrige Tätigkeit auf dem Gebiete der Erforschung feuerfester Materialien; aber die Publikationen, die sehr oft nicht leicht erhältlich sind, geben nicht immer an, von welchem Hersteller die geeignete Apparatur bezogen werden kann. Es entsteht dann eine Unmenge von nutzloser, nicht immer zum Erfolg führenden Arbeit (Literaturstudium, Briefwechsel, Erkundigungen), wie es aus den zahlreichen Anfragen bei der Schriftleitung der Zeitschrift „Feuerfest-Ofenbau" ersichtlich ist. Diese Anfragen sind es in der Hauptsache gewesen, die mir Anlaß gegeben haben, die vorliegenden, mit viel Mühe und Zeit verbundenen Ausführungen niederzuschreiben und somit einen Querschnitt über dieses wichtige Gebiet zu geben. Durch eine Reihe von Instituten, die meinen ausführlichen Fragebogen genauestens beantwortet haben, wofür ich ihnen zum Dank verpflichtet bin, erfuhr meine Arbeit eine bedeutende Unterstützung. Unvermeidliche Lücken sind auf Konto derjenigen (allerdings vereinzelten) zu buchen, die mir unter einem oder anderem Vorwand Auskunft verweigerten.

Man erwarte nicht von dieser Arbeit eine wissenschaftliche Leistung, denn ihr Aufgabenkreis ist ein rein informatorischer. Auch suche man hier weder Anleitungen zur Durchführung verschiedener Prüfverfahren, Methodik, Kritik oder Vergleich bestehender Untersuchungsmethoden, noch besonders ausführliche Angaben über Konstruktionen, Bedienung und Wirkungsweise der Apparate. Dieses alles würde vielmehr zum Aufgabenkreis der Laboratoriumsbücher, des Normenausschusses, des „Wifa" (d. i. der wissenschaftliche Fachausschuß des Bundes deutscher Fabriken feuerfester Erzeugnisse E. V.), des Werkstoffausschusses des Ver. d. Eisenhüttenleute u. a. (sowie ähnlicher Organisationen des Auslandes) gehören; ferner leisten ausführliche, meist ausgezeichnete Schriften der apparatebauenden Firmen manches Wertvolle auf diesem Gebiete. In diesem Zusammenhange möge auf einige nützliche, in der Fachpresse in der letzten Zeit erschienenen deutsche in der Fußnote angegebenen Arbeiten[1]) hingewiesen werden.

---

[1]) 1. Kieffer, Die Fortschritte des keramischen Materialprüfungswesens in der Nachkriegszeit, Meßtechnik 4 (1928), Heft 10, S. 263—275 (über 260 Literaturangaben); 2. Miehr, Die Methoden

Vielmehr will die vorliegende Arbeit zur Vervollständigung des dritten Abschnittes meines Buches „Schamotte und Silika" einen Überblick über meistgebräuchliche und empfehlenswerte Apparaturen zur Kontrolle der Herstellung und Verwendungseigenschaften feuerfester Erzeugnisse geben, diese nach Möglichkeit durch Photos anschaulich darstellen und, was von besonderer praktischer Bedeutung ist, bezüglich eines jeden Apparates die Bezugsquelle angeben, um Arbeits- und Zeitverluste zu sparen. Hierbei ist allerdings zu beachten, daß verschiedene Laboratorien einige Apparate selbst anfertigen und für manche Methoden fertige komplette Apparate bislang noch nicht erhältlich sind. Die Angaben beziehen sich vorzugsweise auf Deutschland; eine ähnliche Arbeit über die im Auslande[1]) angewandten Apparaturen bleibt einem späteren Zeitpunkt vorbehalten. Ferner ist noch zu erwähnen, daß die vorliegende Veröffentlichung sich nur auf Prüfungen ausschließlich feuerfester Stoffe und Erzeugnisse im Laboratorium beschränkt und sowohl auf sonstige Untersuchungen im Laboratorium (z. B. Brennstoffe, Öle usw.), als auch auf Methoden der Betriebskontrolle im wesentlichen verzichtet.

Ich bin mir bewußt, daß diese Veröffentlichung engeren Spezialisten nicht viel Neues bringt, bin aber gleichzeitig überzeugt, daß den meisten Fachkollegen dadurch doch ein Fingerzeig und manche Anregung und Erleichterung gebracht werden. Noch etwas anderes erwarte ich von dieser Arbeit. Ersieht man hieraus, welch gewaltiges Gebiet allein die Prüfung feuerfester Stoffe und Erzeugnisse umfaßt, welche

zur Untersuchung von feuerfesten Rohstoffen und Erzeugnissen, Z. techn. Phys. 8 (1927), S. 101—109; 3. Knuth, Der gegenwärtige Stand der Betriebskontrolle in der deutschen feuerfesten Industrie, Ber. D. Keram. Ges. 10 (1929), Heft 1, S. 25—42; 4. Untersuchungs- und Prüfungsmethoden keramischer Rohstoffe und Erzeugnisse, Ber. D. Keram. Ges. 8 (1927), S. 44—57 und 92—114 (reichhaltige Literaturangaben); 5. Steinhoff, Über neuzeitliche Untersuchungsverfahren feuerfester Stoffe und deren Bedeutung im Gaswerksofenbau, GWF. 1927, Heft 41 und 42; 6. Litinsky, Schamotte und Silika, S. 192—238. Verlag O. Spamer, Leipzig 1925; 7. Buß, Eigenschaftsbestimmungen der Tone. Verlag T.-I.-Ztg., Berlin; 8. Laufende Berichterstattung unter „Literatur des feuerfesten Faches" in jedem Heft der Zeitschrift „Feuerfest-Ofenbau" (erscheint seit 1925). Weitere Angaben werden von der Schriftleitung der „Feuerfest-Ofenbau" auf Grund einer ausgedehnten Kartothek bereitwilligst gemacht.

[1]) Ich benutze die Gelegenheit darauf hinzuweisen, daß Apparate für die von der American Society for Testing Materials standardisierten Prüfverfahren von der Firma Central Scientific Company, 460 East Ohio Street, Chigaco, U.S.A., geliefert werden.

Unsummen von Erfahrung, Kenntnissen, Forschung usw. für die Untersuchung dieser Materialien angewandt werden müssen, so wird man hoffentlich auch in der Bewertung der beinahe für sämtliche Industriezweige unentbehrlichen feuerfesten Erzeugnisse nicht engherzig sein. Dieses wäre zu wünschen, damit die im letzten Jahrzehnt eingesetzte intensivere Forschung auf diesem Sondergebiet noch weiter zum Nutzen der gesamten Industrie fortgesetzt werden kann.

1. Chemische Analyse.

Die Beschreibung des Analysenganges an dieser Stelle würde zu weit führen; übrigens würde sie auch außerhalb des Rahmens der vorliegenden Arbeit liegen. Die Analysenmethoden sind ausführlich in einschlägigen Büchern beschrieben, so in Posts Chemisch-Technischen Untersuchungsmethoden, ferner in „Schamotte und Silika" von Litinsky, S. 202—204. Sehr gut sind die zwei Arbeiten von Dr. H. J. van Royen, die sich speziell mit dieser Frage beschäftigen; die Arbeiten sind als Bericht Nr. 48 und Nr. 59 des Chemiker-Ausschusses des Ver. d. Eisenhüttenleute erschienen und beim Verlag Stahleisen, G. m. b. H., Düsseldorf, Breite Str. 27 erhältlich. Das Staatliche Materialprüfungsamt wendet unter anderem auch die Methode von Jacob an, die im Journ. f. Kristallographie Bd. 64 (1926) auf S. 430 beschrieben ist. Im übrigen liegt für die chemische Analyse feuerfester Stoffe bereits ein Normblatt (DIN 1062)[1]) vor; der Analysengang als solcher ist aber nicht normiert.

Für kolorimetrische Bestimmungen (Titan, Eisen, Mangan usw.) ist das Buch: „Leitfaden der kolorimetrischen Methoden für den Chemiker und Mediziner" von H. Freund, Wetzlar 1928 zu empfehlen.

Ein Gebiet, welches in Deutschland zur Zeit noch ziemlich vernachlässigt wird, stellt die qualitative und quantitative Spektralanalyse dar. Erst während des Krieges hat sich die Einstellung des Chemikers zugunsten der Spektroskopie geändert, so daß inzwischen manche sytematische Methoden ausgearbeitet wurden, die es gestatten, die Spektralanalyse in einzelnen Fällen in die normalen Arbeitsverfahren aufzunehmen. Ein besonders lebhaftes Interesse an der Entwicklung der spektroanalytischen Methoden läßt sich speziell aus den Kreisen der Metallindustrie feststellen; leider liegt

---

[1]) Zu beziehen vom Beuth-Verlag G. m. b. H., Berlin, S. 14.

aber der Schwerpunkt dieses Interesses zum größten Teil außerhalb Deutschlands. Die Firma Askania-Werke A.-G., Bambergwerk, Berlin-Friedenau, Kaiserallee 87/88, die Auskünfte auf diesem Spezialgebiet gern erteilt, hat bereits verschiedene Spektroskope gebaut, die sich bei Ofenmessungen (speziell in Gießereien) sehr gut bewährt haben und gestatten, den Reduktionsvorgang während der ganzen Betriebsdauer zu kontrollieren.

Es wäre deshalb eine dankenswerte Aufgabe für unsere Keram-Chemiker, zu untersuchen, ob und inwiefern spektralanalytische Methoden auch bei der Untersuchung und Kontrolle feuerfester Materialien angewandt werden können. Zur quantitativen Analyse benutzt man im allgemeinen keine Spektroskope oder Spektralapparate, sondern ausschließlich Spektrographen. Nach den von verschiedenen Forschern wie De Gramont, Hartley u. a. aufgestellten Methoden werden mehrere Spektren übereinander photographiert; es kann dann ja nach dem Auftreten bestimmter Spektrallinien auf den Prozentgehalt der zu untersuchenden Substanz geschlossen werden. Im übrigen möge auf die diesbezügliche Literatur[1]) verwiesen werden.

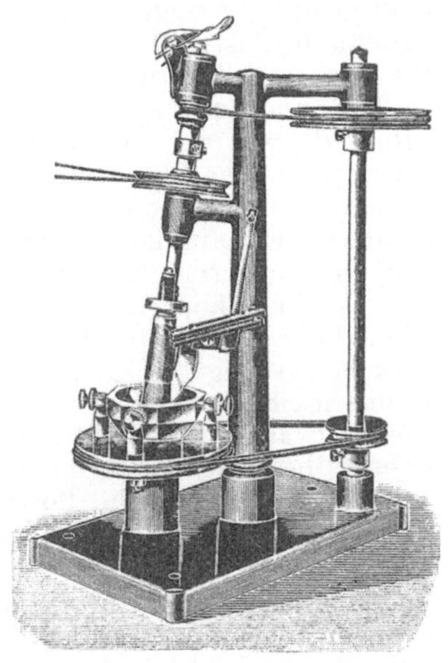

Abb. 1. Reibemaschine zum Pulverisieren der zu analysierenden Substanz.

Bezüglich der Anwendung der Ultraviolettlampe zur schnellen Untersuchung der Tone mit verschiedenem Eisengehalt siehe Abschnitt 22.

---

[1]) Löwe, Optische Messungen des Chemikers und des Mediziners. Verlag Th. Steinkopff, Dresden-Leipzig; F. Twyman, Wavelength-tables for spectrum analysis, London 1923; Löwe, Atlas der letzten Linien; G. Scheibe, Über die Anwendungsmöglichkeiten und Grenzen der Emissions-Spektralanalyse, Zeitschr. f. angew. Chemie vom 28. Oktober 1929, S. 1017; Kellermann, Die Anwendung der spektrographischen Analyse im Eisenhütten-Laboratorium, Stahl und Eisen vom 17. Oktober 1929, S. 1520.

Von den mechanischen Hilfsmitteln zur Erleichterung der chemischen Analyse sei die für maschinellen Antrieb vorgesehene Reibemaschine (Kraftbedarf $1/_4$ PS) mit Achat- und Porzellanmörser von 100 mm ⌀ zum Pulverisieren zu analysierender Substanzen erwähnt. Die Maschine, die von den Vereinigten Fabriken für Laboratoriumsbedarf, Berlin N 65, Scharnhorststr. 22, geliefert wird, ist in der Abb. 1 gezeigt, aus der auch alles andere ohne weiteres verständlich ist. Zum Pulverisieren größerer Mengen vgl. die Retsch-Mühle im Abschnitt 23 (Hilfsgeräte).

Erwähnenswert ist ferner die Analysen-Schnellwaage „Rekord" von der Firma Ströhlein & Co., Düsseldorf 39, Aderstr. 93. Die Waage weist den Vorteil des sofortigen Stillstandes nach einer einzigen Schwingung auf, was bei unverminderter Empfindlichkeit zu Zeitersparnis (schnellerem Wägen) führt. Ferner können auch Zehntel von Milligrammen mittels Mikroskop (mit Nonius) bequem abgelesen werden. Über diese Waage eingeholte Auskünfte haben ihre Brauchbarkeit bestätigt. Beachtenswert ist ferner auch die neue Industrieschnellwaage mit einer Vorwaage nach dem Prinzip der Briefwaage, die von Dr. Löwenstein in der „Chemischen Fabrik" beschrieben ist und von der Vereinigung Göttinger Werke, Göttingen, Postfach 73 zu beziehen ist.

2. Rationelle Analyse.

Besondere Apparatur erfordert diese Bestimmung nicht; vielmehr reichen hierfür die üblichen, im chemischen Laboratorium[1]) angewandten Geräte aus. Über den Meinungsstreit bezüglich Verwendbarkeit und Genauigkeit der vorhandenen Methoden berichtet kurz Kieffer in seinem Aufsatz in der „Meßtechnik" 1928, Heft 10 auf Seite 264, wo auch Literaturquellen angegeben sind. Das Staatliche Materialprüfungsamt, Berlin-Dahlem, führt die rationelle Analyse nach Berdel aus, an die sich übrigens auch die in den Vereinigten Staaten als Standardmethode vorgeschlagene Untersuchungsart anlehnt.

---

[1]) Komplette chemische Laboratorien sowie die üblichen Geräte zu chemischen Untersuchungen liefern: Vereinigte Fabriken für Laboratoriumsbedarf, Berlin N 65, Scharnhorststr. 22; Max Kohl A.-G., Chemnitz (Sa.) II; Dr. Heinrich Goeckel, Berlin NW 6, Luisenstr. 21; Franz Hugershoff G. m. b. H., Leipzig, Carolinenstr. 13; Cornelius Heinz, Aachen, Vincenzstr. 15; Dr. Taurke, vorm. Dr. Goercki, Dortmund, Saarbrückener Str. 29; Chemisches Laboratorium für Tonindustrie, Berlin NW 21, Dreysestr. 4, und viele andere.

Das Berdelsche Verfahren ist in seinem Buch „Chemisches Praktikum“, Coburg 1921, beschrieben. An verschiedenen Stellen wird auch die Methode nach Kallauner-Matejka angewandt. Eine ausführliche Arbeitsvorschrift für die Ausführung der rationellen Analyse gibt H. Grewe im Bericht Nr. 65 des Chemikerausschusses des Ver. d. Eisenhüttenleute.

Das Problem der Bestimmung der freien Kieselsäure oder des Quarzes durch chemische Verfahren hat noch nicht befriedigend gelöst werden können. Hingegen lassen sich[1] vermittels des petrographischen Mikroskopes die wirklichen Quarzteilchen aus den Teilchen anderer Mineralien mühelos aussortieren. Bei Anwendung des geeigneten Öls mit einem zwischen dem des Quarzes und z. B. dem des Feldspats liegenden Brechungsindex und Einstellung des Mikroskopes zur Beobachtung der sog. Beckeschen Linie zählt man bloß die Quarzpartikeln in einem gesamten Felde. Bei Beobachtung mehrerer Felder kann der Gehalt an freiem Quarz bestimmt werden. Nach einer Mitteilung aus Fachkreisen soll die Methode nur bei Gemengen (Sanden, Rohmassen) und nicht bei Steinpulvern anwendbar sein.

3. Korngrößenbestimmung.

Die angewandten Verfahren kann man etwa folgendermaßen einteilen: Siebversuche, Schlämm- und Sedimentationsmethoden, Zentrifugen- und Windsichtverfahren und mikroskopische Methoden.

Eingehende Versuche der letzten Jahre haben die Wichtigkeit einer ständigen Betriebsüberwachung natürlicher und gemahlener Körnungsgemenge auf ihre gleichbleibende Kornzusammensetzung bewiesen. Insbesondere bei feinen Körnungen ist die Handsiebung für eine Daueüberwachung zu langsam und zu teuer, ganz abgesehen davon, daß man der mehr oder minder großen Geschicklichkeit und Zuverlässigkeit der Arbeitsperson allein vertrauen müßte. Diesem Übelstande helfen die maschinellen Einrichtungen zur Durchführung der Siebanalyse ab. Die Abb. 2 zeigt eine solche praktische Siebschüttelvorrichtung zur Korngrößenbestimmung mit sechsteiligem Siebsatz und auswechselbaren Siebeinlagen mit Vorgelege, Motor, Regulierwiderstand usw. Geliefert wird der Apparat von der Firma Ströhlein & Co., G. m. b. H., Düsseldorf 39. Eine andere Ausführungsart ist in der

---

[1] Howard C. Arnold im J. Am. Cer. Soc. 1923, S. 409—413; Referat: Sprechsaal 57 (1924), S. 51—52.

Konstruktion von Dr.-Ing. Förderreuther gegeben; dieser Apparat ist in der Tonind.-Ztg. 1928, Nr. 89 eingehend beschrieben. Ergänzend sei bemerkt, daß für die Siebmaschinen Normen-Siebgewebe nach DIN 1171 verwandt werden. Die Förderreuthersche Maschine wird von der Abteilung Prüfmaschinenbau des Chemischen Laboratoriums für Tonindustrie, Berlin NW 21, Dreysestr. 4, gebaut. Die Prüfung der Siebe auf ihre Normenfähigkeit führt die gleiche Firma in einer besonderen, nach den Erfahrungen des Staatlichen Materialprüfungsamtes, Berlin-Dahlem, gebauten Prüfeinrichtung durch. Bei dieser Gelegenheit verdient noch das

Abb. 2. Apparat zur Bestimmung der Korngröße.

neuere patentierte JEL-Sieb mit transparenten Siebtrommeln erwähnt zu werden. Lieferfirma: J. Engelsmann, A.-G., Ludwigshafen a. Rh.

Für genauere Arbeiten ist aber die Siebanalyse nicht immer ausreichend. Die Ungenauigkeit der Siebapparate beruht nach Harkort[1] auf der unvermeidlichen Tatsache, daß die Siebmaschen durch die Rückstände verschlossen werden und daß man nun durch Klopfen (oder mit Hilfe des Wasserdruckes) bemüht ist, diese Teile durch das Sieb hindurchzudrücken. Und so bringt man einen mehr oder minder großen Anteil, der eigentlich zum Rückstand gehört, auf eine unkontrollierbare Weise zu demjenigen, der als genügend fein das Sieb passiert hat. Zudem ist die gewichtsmäßige Bestimmung des auf dem Sieb Verbliebenen keineswegs eine quantitativ befriedigende Arbeitsweise. Bessere Resultate liefern

---

[1] Ber. D. Ker. Ges. 8 (1927), Heft 1.

Schlämmapparate, von denen die bekanntesten die Apparate nach Schöne und nach Schulze sind. Die Schlämmanalyse im Schöneschen Apparat liefert bei sorgfältiger Arbeitsweise zweifellos hinreichend genaue Ergebnisse. Abgesehen davon, daß die Apparatur an sich kompliziert und empfindlich ist, macht die Notwendigkeit, das Ausschlämmbare aufzufangen und große Wassermengen einzudampfen, diese Methode für ein schnelles Arbeiten und zu Bestimmun-

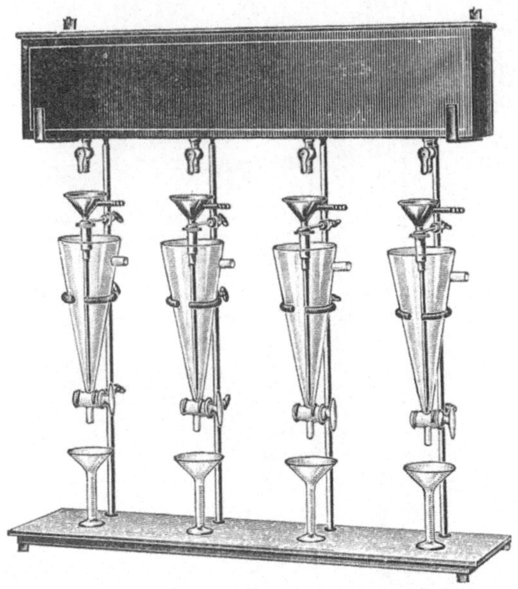

Abb. 3. Vierteiliger Schlämmapparat nach Schulze-Harkort.

gen in größerer Anzahl unbrauchbar. Der Schulzesche Schlämmtrichter besitzt diese Nachteile nicht, hat dafür aber in seiner alten Form eine solche Fülle von Quellen der Ungenauigkeit, daß er in dieser ebenfalls nicht angewendet werden kann. Der Schulzesche Trichter ist verschiedentlich verbessert worden, so von Wolf, Berdel u. a. Die letzte Verbesserung rührt von Dr.-Ing. Harkort, Velten, her und ist ausführlich (nebst Arbeitsvorschrift) in den Berichten der Deutschen Keramischen Gesellschaft vom Februar 1927 (Bd. 8, Heft 1) beschrieben. Den Schlämmapparat (Abb. 3) von Schulze-Harkort liefert die Firma Bartsch, Quilitz & Co., Berlin NW 40, Döberitzer Str. 3—4.

Zur Messung der Korngrößen von Pulvern findet in der letzten Zeit ein Apparat Anwendung, der auf dem Prinzip von Wiegner-Geßner beruht. Eine verbesserte Konstruktion dieses Sedimentier- und Flockungsmessers ist in der Literatur[1]) von R. Lorenz bereits beschrieben. Von

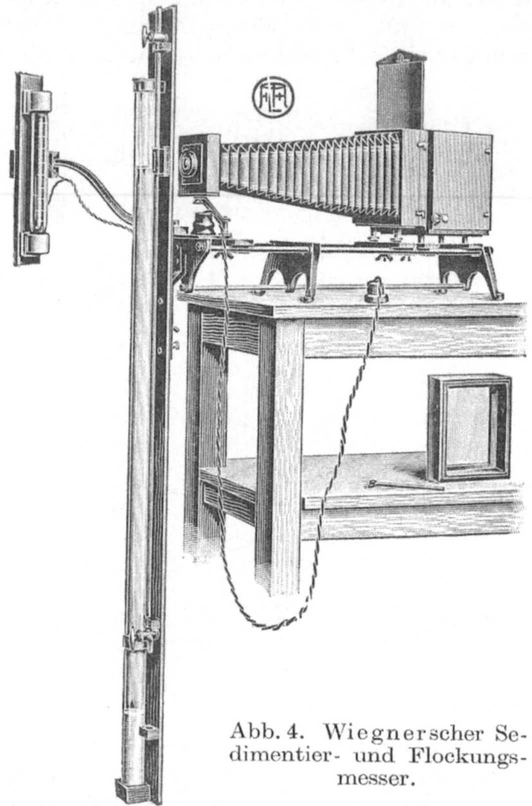

Abb. 4. Wiegnerscher Se-
dimentier- und Flockungs-
messer.

der Firma Franz Hugershoff, G. m. b. H., Leipzig C 1, Karolinenstr. 13, kann der komplette, für praktische Zwecke eingerichtete Apparat, wie derselbe in der Abb. 4 dargestellt

---

[1]) H. Gessner, Der Wiegnersche Schlämmapparat und seine praktische Anwendung (mit 9 Abbildungen), Koll.-Ztschr. 38, S. 115, Dresden 1926, Theodor Steinkopff; R. Lorenz, Über Methoden zur Bestimmung der Korngrößen von Füllstoffen, „Papierfabrikant" 1926, Heft 6, S. 91, Die graphische Auswertung der Fallkurven. Verlag Otto Elsner, Berlin. Vgl. auch K. R. 1929, Heft 52, S. 875—881.

ist, bezogen werden. Die Vorteile des Apparates bestehen unter anderem darin, daß die Resultate als Photogramm, entsprechend der Abb. 5, festgehalten werden können. Der Apparat besteht aus einer optischen Bank, auf der eine photographische Kamera verschiebbar aufgesetzt ist. Letztere besteht aus dem, auf einem Träger ruhenden Objektivteil, dem etwa 60 cm langem Balg und einem Rahmen mit Mattscheibe. Seitlich ist an einem schwenkbaren Arm die Beleuchtungslampe montiert. An der vorderen Stirnseite der optischen Bank ist an einer Platte, welche um einen Zapfen drehbar ist, eine Holzschiene angebracht, welche durch eine Arretiervorrichtung in genau vertikaler Stellung gehalten wird, auf der das zur Aufnahme der zu untersuchenden

Abb. 5. Photogramm, erhalten mit dem Apparat nach Abb. 4.

Füllmasse bestimmten Glasrohr, bestehend aus einem weiten und einem zweiten engeren Rohr mit Teilung befestigt ist.

Das engere, mit Teilung versehene Rohr ist an dem vor dem Objektiv liegenden Teil durch eine Schlitzblende verdeckt, die zur Abblendung der seitlichen Lichtstrahlen dient. Hinter der Schlitzblende auf der Rückseite der Holzschiene befinden sich zwei Schieber (Blenden) zum Abblenden der Streuungsstrahlen. Der hintere Teil der optischen Bank trägt eine verschiebbare Grundplatte zur Aufnahme eines Gehäuses mit eingebautem Uhrwerk.

Durch die von Dr. Lorenz neu eingeführte Optik mit 10facher Vergrößerung ist man in die Lage versetzt, die Suspension verdünnter als früher zu wählen, um auch in dieser Hinsicht einer Stauung vorzubeugen und trotz des geringen Niveauunterschiedes eine genauere Auswertung als früher durchführen zu können. Lassen sich doch auf dem Photogramm Niveauunterschiede von 0,05 mm, die in einer Größe von $^1/_2$ mm photographiert werden, noch ohne

Mühe unterscheiden. Selbstverständlich bedeutet diese starke Vergrößerung eine außerordentliche Verfeinerung der Meßmethode, zumal in Verbindung mit dem ebenfalls von Dr. Lorenz angegebenen graphischen Verfahren der Auswertung (vgl. „Wochenblatt für Papierfabrikation" 1927, Nr. 42, S. 1289). Während mit dem ursprünglichen Modell des photographisch-registrierenden Apparates nur 4 Korngrößenfraktionen (die vierte nur annähernd) ermittelt werden konnten, ist es mit der neueren Konstruktion in Verbindung mit diesem Auswertungsverfahren möglich, eine scharfe, reproduzierbare Differenzierung der Kurve in 10—12 Fraktionen mit Leichtigkeit durchzuführen.

Durch Auswechslung zweier Zahnräder ist es möglich, die Trommel des Uhrwerkes auf Umlauf in 1, 12 oder 24 Stunden oder für jede sonst gewünschte Umlaufzeit einzustellen.

Auf einem anderen Prinzip beruht das Pipett-Verfahren, worüber die einschlägige Literatur[1] berichtet. Der Grund dafür, daß dies elegante Verfahren in Deutschland so wenig Eingang gefunden hat, ist wohl darin zu suchen, daß es bisher, in Deutschland wenigstens, an einem geeigneten Apparat fehlte. Dr. M. Köhn hat daher einen Pipettapparat[2] konstruiert, der sich bei einigen Hundert Analysen gut bewährt hat. Der Apparat, der sich in seinem äußeren Aufbau zum Teil an den englischen Apparat der Agricultural Education Association anlehnt, wird von Bartsch, Quilitz & Co., Berlin NW 40, Döberitzer Str. 3—4, geliefert und ist in einer von dieser Firma herausgegebenen Broschüre eingehend erläutert. Eine ausführlichere Beschreibung desselben befindet

---

[1] Krauß, Int. Mitt. Bodenk. **13** (1923), S. 147ff.; Robinson, J. Agric. Sci. **12** (1922), S. 287, 306; Jennings, Thomas u. Gardner, Soil Sci. **14** (1922), S. 485ff.; Keen, „The physicist in agriculture", Sonderdruck aus „Physics in Industry" 1925; „The officia method for the mechanical analysis of soils", Sonderdruck aus Agricultural Progress **3** (1926); vgl. auch J. Agric. Sci. **16** (1926), S. 123ff.; Koettgen, Z. Pfl.-Ern., Düngg. u. Bodenk. A, **9** (1927), S. 35ff. u. a.

[2] Einen neueren Apparat zur Feinheitsbestimmung nach der Pipettmethode, der es ermöglicht, fortgesetzt Proben zu entnehmen, ohne daß die Aufschlämmung nach jeder Probeentnahme neu homogenisiert werden muß, beschreibt A. H. M. Andreasen in der Kolloid-Zeitschrift **49** (1929), Heft 3, S. 253—265. Der Apparat ist ausgearbeitet auf der Grundlage eines von dem gleichen Verfasser früher angegebenen Apparates (Kolloidchemische Beihefte **27**, 1928, S. 404). Die Zuverlässigkeit des Apparates wurde im Laboratorium für Mörtel, Glas und Keramik des Polytechnikums in Kopenhagen geprüft.

sich in der „Zeitschr. f. Pflanzenernährung, Düngung und Bodenkunde, Teil A", 11. Band, Heft 1, S. 50—54 (Verl. Chemie, Berlin W 10, Corneliusstr. 3).

Die Anwendbarkeit der Pipettmethode hat ihre obere Grenze bei Korngrößen von etwa 0,05 mm Durchmesser (Fallzeit etwa 50 sec/10 cm). Die gröberen Fraktionen müssen nach einem der anderen Verfahren bestimmt werden.

Das Forschungsinstitut für Hüttenzementindustrie in Düsseldorf hat einen Apparat konstruiert, der als Korngrößen-Bestimmungsapparat nach Guttmann-Köhler benannt wird. Die Aussonderung der Teilchen verschiedener Korngrößen mit Hilfe dieses Apparates geschieht aus einer Suspension auf Grund der verschiedenen Fallgeschwindigkeiten bzw. Fallzeiten, die an Hand der für 80—0,01 μ (oder 0,080—0,00001 mm) großen Teilchen gültigen Stokesschen Fallgeschwindigkeitsformel zu berechnen sind. Die Ermittlung der einzelnen Fraktionen beruht auf der Messung der Absinkdauer in der Suspension mittels Stoppuhr. Aus Tabellen, die dem Apparat beigefügt sind (oder auch errechnet werden können) wird der Zusammenhang zwischen den einzelnen Fraktionsteilchen und Absinkzeiten ermittelt. Der Apparat wird von der Firma Ströhlein & Co., G. m. b. H., Düsseldorf 39, Aderstr. 93, geliefert.

Vollständigkeitshalber sei hier noch die Methode von Prof. Dr. Stark erwähnt, nach der die Ergebnisse in mittlerem Korndurchmesser angegeben werden (Stark, Physik.-techn. Untersuchung ker. Kaoline, Leipzig 1922, S. 15ff.; Vgl. a. Keramika i Steklo 1928, Heft 10, S. 280).

Außer den vorerwähnten Methoden kann man für die Korngrößenbestimmung auch das Zentrifugierverfahren sowie das Windsichtverfahren anwenden. Darüber, wieweit das erstere angewandt wird, fehlen mir zuverlässige Angaben. Das Windsichtverfahren kann unter Umständen Eingang finden. Über ein solches Verfahren (nach Gonell) befinden sich Ausführungen in der „Zeitschrift des Vereins deutscher Ingenieure" Bd. 72, Nr. 27, S. 945—950 und in der Tonind.-Ztg. 1929, Nr. 13. Die darin erwähnten Apparate baut die Abteilung Prüfmaschinenbau des Chemischen Laboratoriums für Tonindustrie, Berlin NW 21, Dreysestr. 4. In einer von den befragten Versuchsanstalten wird für den gleichen Zweck der „Taifun"-Windsichter der Cramm-Mühlen G. m. b. H., Neukölln, Bergstr. 132, herangezogen.

Schließlich kann man noch den Feinheitsgrad der keramischen Materialien auch durch **mikroskopische Messung**[1]) feststellen, welche darin besteht, daß die in mit Xylol verdünntem Kanadabalsam fein und gleichmäßig verteilte Materialprobe mit Hilfe der quadratischen Linierung des Mikrometerokulars nach dem Mikrondurchmesser ihrer Teilchen, beginnend mit den größten Teilchen, ausgezählt werden. Näheres darüber siehe Journ. Am. Cer. Soc. 1923, Nr. 2 im Aufsatz von St. J. Perrott und S. P. Kinney (kurz referiert auch in der Ker. R. 1923, S. 221).

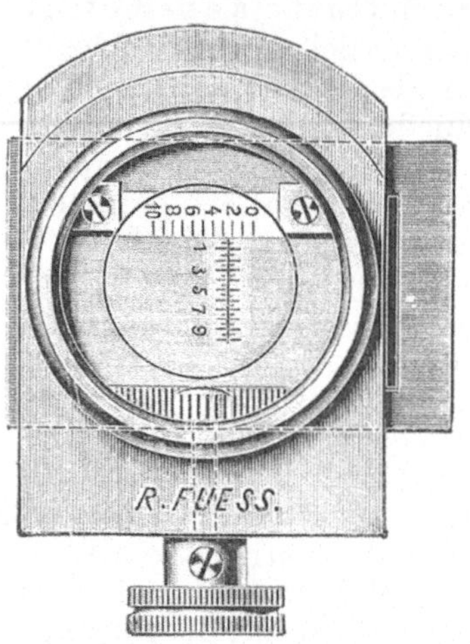

Abb. 6.   Planimeterokular.

Ein ähnliches Verfahren wendet auch das Laboratorium des Kesselüberwachungsvereins in Essen an. Das Okularmikrometer besteht aus einem Glasplättchen mit Skala, das in jedes Okular eingelegt werden kann. Die Eichung geschieht mit einer Skala, die als Objekt benutzt wird und $^1/_{10}$ oder $^1/_{100}$ mm abzulesen gestattet. Eine genauere Messung gestattet Okularschraubenmikrometer, wie sie von jeder Firma, die Mikroskope baut, geliefert werden können. Zur exakten Bestimmung der Mengenverhältnisse von Mineralgemengteilen bedient man sich am besten des Shandschen Verfahrens, wie es von F. Fromm im Centralbl. f. Mineralogie 1924, Nr. 12 und 13 beschrieben ist. Den Shandschen Apparat, der auf jedem besseren Mikroskoptisch angebracht werden kann, liefert die Firma H. Brandt, Physikalische Apparate, Bochum-Dahlhausen.

Prof. Dr. C. J. van Nieuwenburg in Delft wendet für die Korngrößenbestimmung das mikrophotographische Verfahren an, welches von H. Green im Journ. of the Franklin Institute Bd. 192 (November 1921) auf S. 637—666 ausführlich beschrieben ist.

Ein von Hirschwald für den gleichen Zweck angegebenes Planimeterokular in der Bauart der Firma R. Fuess, Berlin-Steglitz, ist in der Abb. 6 dargestellt. In der Bildebene

---

[1]) Vgl. auch H. C. Arnold, J. Am. Cer. Soc. 1923, S. 409—413, referiert im Sprechsaal 1924 auf S. 51.

befinden sich zwei senkrecht zueinander angeordnete Glasmikrometerskalen von je 10 mm Länge. Eine dieser Skalen (Ordinate) ist fest, die andere (Abszisse) durch Trieb verstellbar angeordnet (Gesamtverschiebung über 7 cm² Fläche). Entsprechend der Korngröße des Objekts wird diese Abszisse auf bestimmte Teilstriche der Ordinate eingestellt und für verschiedene Mengenteile die Ablesung vorgenommen. Danach kann das Objekt oder das Meßokular um 90° gedreht werden, damit sich die Messung in dieser Stellung wiederholen

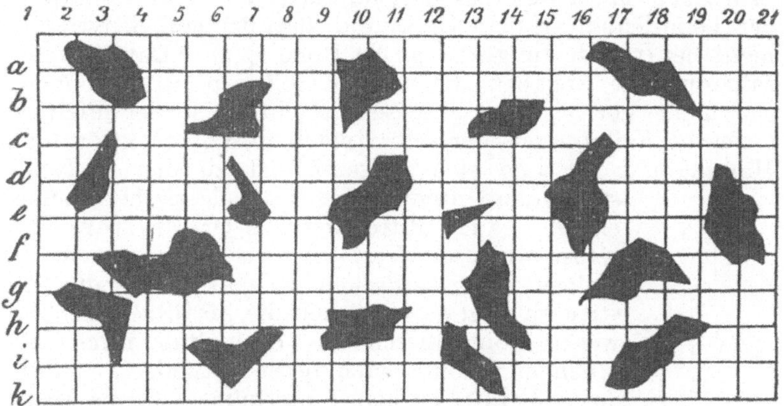

Abb. 7. Diagramm zur Veranschaulichung der mikroskopischen Methode der Korngrößenbestimmung.

kann. Ein Diagramm zur Veranschaulichung der Meßmethode ist in der Abb. 7 gegeben.

4. Plastizität und Viskosität.

Von den vielen zur Bestimmung der Plastizität (Bildsamkeit) vorgeschlagenen Methoden kann man eigentlich keine als einwandfrei bezeichnen. Der Grund mag unter anderem darin liegen, daß der Begriff „Plastizität" kein einheitlicher ist, sondern gleichzeitig verschiedene Eigenschaften der Tone umschließt. Im „Kaiser-Wilhelm-Institut für Silikatforschung" wird die Plastizität mit dem Kugel- oder Daumenplastometer ermittelt. Die Apparatur ist in Ber. D. Ker. Ges. Bd. 10 (1929), Heft 5, S. 245—257 beschrieben; sie wird vom Tonindustrie-Laboratorium, Berlin NW 21, Dreysestr. 4, hergestellt. Einige Laboratorien der größten deutschen Fabriken feuerfester Erzeugnisse benutzen eine von Pfefferkorn im Sprechsaal 1924, S. 297 bis 299 und 1925, S. 183—184 beschriebenen Apparat. R. Rieke und E. Sembach (Ber. Dtsch. Ker. Ges. Bd. 6 (1925), S. 111 bis 123) fanden, daß die Pfefferkornsche Methode nicht geeignet ist, verschiedene brauchbare Vergleichsmomente durch Rohmaterialien zu liefern. Demgegenüber führen Miehr, Kratzert und Immke, die übrigens den Pfefferkornschen Apparat modifiziert haben, in einer späteren Arbeit Tonind.-Ztg. 1927, Heft 76, S. 1381—1384) folgendes aus: „Alle bisherigen Methoden zur Bestimmung der Verformbarkeit der Tone leiden an dem Übelstand, daß das subjektive Moment bei der Messung eine große Rolle spielt. Daher liegen zahlenmäßige Angaben, die sich kontrollieren lassen können, gar nicht vor. Frei von diesem Nachteil ist der Pfefferkornsche Fallapparat, der sehr einfach in Konstruktion und Handhabung ist und sich ausgezeichnet zu den in Rede stehenden Untersuchungen an plastischen Tonen eignet." Nach Mitteilung von Dr. Pfefferkorn selbst wird sein Verfahren neuerdings auch in einigen amerikanischen wissenschaftlichen Instituten angewandt; auch die Zettlitzer Kaolinwerke kontrollieren die Plastizität ihres anfallenden Kaolins nach dieser Methode. Der Bau des Apparates ist keiner bestimmten Firma übertragen; es steht jedem frei, diesen Apparat sich von einem Mechaniker herstellen zu lassen. Interessante ergänzende Angaben bezüglich des Apparates kann man von Direktor Dr. Pfefferkorn, Magdeburg-Neustadt, Gröperstr. 14, erhalten.

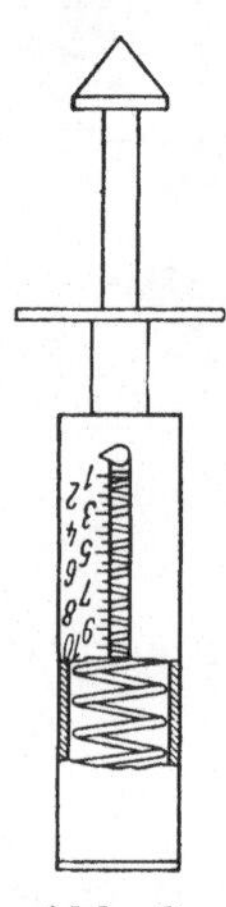

Abb. 8. Masseprüfer nach Dopstadt.

Einen interessanten Apparat zur Messung der Bildsamkeit beschreibt Stark in seinem sehr lesenswerten Buch: Die physikalisch-technische Untersuchung keramischer Kaoline, Leipzig 1922, S. 66 bis 70. Dieser Apparat ist im Handel nicht zu haben, es kann ihn jedoch jeder bessere Mechaniker herstellen. Angaben hierüber erteilt Prof. Dr. Stark, Großhesselohe bei München, Marienstr. 10.

Abseits hiervon steht der Masseprüfer nach Dopstadt, der zur Ermittlung der Konsistenz plastischer Massen dient. Der Apparat ist vom Betriebsleiter Dopstadt, Ratingen, konstruiert und in der Abb. 8 gezeigt; er ist eigentlich in erster Linie für die Kontrolle des Fabrikationsbetriebes bestimmt. Der Apparat ersetzt die subjektive Beurteilung des Arbeiters, der die Masse mit dem Daumen prüft. Je nach dem Steifheitsgrad der Masse, wird beim Hineindrücken des Prüfers die Feder mehr oder weniger stark zusammengedrückt. Durch entsprechenden Wasserzusatz kann die Masse auf den für die entsprechende Verarbeitungsweise (Pressen, Handformen usw.) als günstig festgestellte Konsistenz gebracht werden.

Unter den Apparaten zur Bestimmung der Viskosität ist das keramische Viskosimeter nach Dr. Kohl sehr verbreitet. In der feuerfesten Industrie kommt es wohl in der Hauptsache für die Prüfung der Gießfähigkeit der Massen und zur Kontrolle der Gießmassen in Frage. Der Apparat, der in der Abb. 9 dargestellt ist, ist in der Zeitschrift „Feuerfest" Jg. 2, 1926, Heft 6, S. 53—55 ausführlich von Dr. Kohl selbst beschrieben, worauf hiermit verwiesen ist. Hergestellt wird der Apparat von der Firma Bartsch, Quilitz & Co., A.-G., Berlin NW 40, Döberitzer Str. 3—4.

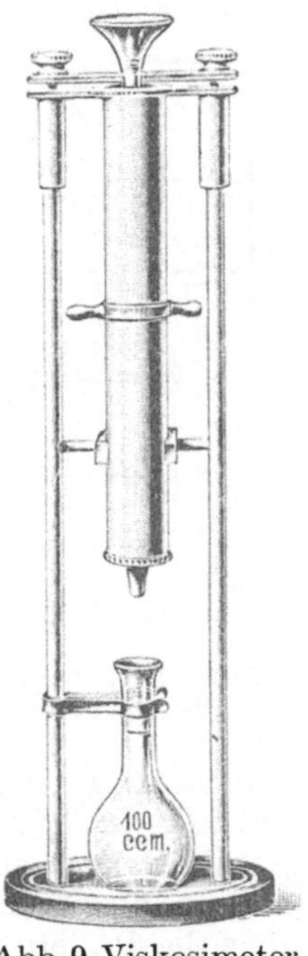

Abb. 9. Viskosimeter nach Dr. Kohl.

Von anderen viskosimetrischen Methoden wird vielfach die Kugelfallmethode nach Fischer-Bauer empfohlen. Die Methode ist ausführlich in den Ber. Dtsch. Ker. Ges. Bd. 5, 1924, S. 30 und im Sprechsaal 1925, S. 169 bis 170 beschrieben; die (inzwischen etwas abgeänderte) Apparatur wird von der Firma Franz Hugershoff, G. m. b. H., Leipzig, Carolinenstr. 13, geliefert.

Schließlich sei noch auf die viskosimetrische Rührmethode hingewiesen, die von Prof. Rieke und Johne benutzt und in den Ber. Dtsch. Ker. Ges. 1929, Heft 9, S. 408 beschrieben wurde. Die Apparatur ist im Handel noch nicht erhältlich; sie wurde nach Beschreibungen in amerikanischen Arbeiten nachkonstruiert.

5. Bindefähigkeit.

Der Bindefähigkeitsprüfer nach Kohl zur Messung der Biegefestigkeit plastischer Rohstoffe und Massen, die einen

Anhalt für die Bindefähigkeit derselben gibt, ist in der Abb. 10 dargestellt. Hergestellt wird er vom Chemischen Laboratorium für Tonindustrie, Berlin NW 21, Dreysestr. 4.

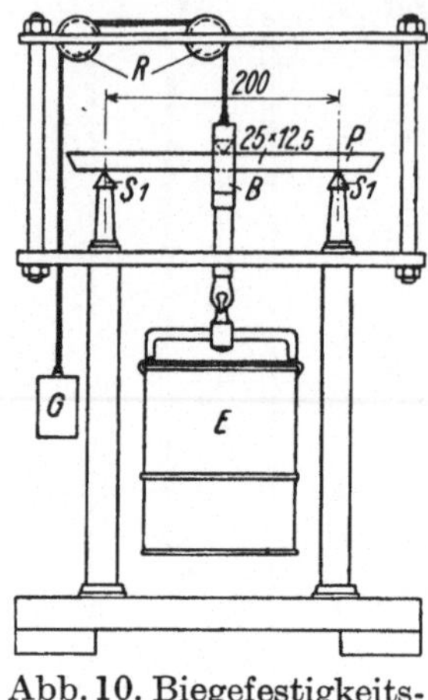

Abb. 10. Biegefestigkeitsprüfer nach Kohl.

Auf einer Bodenplatte sind zwei Säulen montiert und mit einem Querbalken fest verbunden; am oberen Ende tragen sie zwei horizontale Schneiden S_1, die 20 cm voneinander entfernt sind und als Auflage für den etwa 25 cm langen Prüfstab P dienen. Dieser wird mit seiner schmalen Seite nach unten aufgelegt und genau in der Mitte über seiner Einkerbung durch die am Bügel B befestigte Schneide belastet, indem der am Haken des Bügels hängende Eimer E durch allmählich zulaufende Schrotkörner bis zum Bruch des Stabes gefüllt wird. Es hat sich namentlich bei Materialien von geringer Festigkeit als unzweckmäßig erwiesen, wenn der Prüfstab sogleich bei Beginn mit dem vollen Gewicht des Bügels nebst leeren Eimers belastet würde. Aus diesem Grunde ist in der neuen Konstruktion eine Ausbalancierung dieses Anfangsgewichtes durch ein Gegengewicht G über die Rollen R vorgesehen, derart, daß die Mittelschneide mit nur etwa 1 g Überdruck auf den Probekörper aufsetzt. Hierdurch wird einerseits eine genaue Zentrierung der Belastungsschneide gewährleistet und andererseits erreicht, daß von Anfang an ein leiser Kontakt der Belastungsschneide mit dem Prüfkörper besteht. Eine ruckweise Anfangsbelastung wird also zwangsläufig vermieden, so daß auch zerbrechliche Probekörper aus mageren Materialien beim Aufsetzen der Last nicht beschädigt werden. Wichtig ist, daß die Stäbe in ihrer ganzen Breite von den Schneiden berührt werden; man kann dies eventuell durch nachträgliches Abschaben und Polieren erreichen, wenn sich völlig unverzogene Stäbe aus einem fetten Ton nicht herstellen lassen. Jedenfalls treten bei punktförmiger Auflage oder Verkantung viel stärkere Beanspruchungen auf, die immer den vorzeitigen Bruch zur Folge haben müssen. Zur Füllung des Schroteimers wird ein automatisch stoppender Schrotzulaufapparat benutzt.

Zur Herstellung der Prüfkörper dienen Gipsformen von bestimmten Abmessungen. Die Prüfkörper (Stäbe) werden lederhart ausgeformt und zwischen Gipsplatten bei mäßiger Temperatur in 7—10 Tagen vollends getrocknet. Es ist zweckmäßig, die Messungen sowohl an lufttrockenen wie an vorsichtig 2 Stunden im Trockenschrank bei 105—110° C nachgetrockneten Stäben vorzunehmen. Näheres vgl. Ker. R. Bd. 37 (1926), S. 602ff.

Ein anderer Bindekraftmesser für Probekörper in 8-Form ist genügend bekannt und braucht nicht erläutert zu werden.

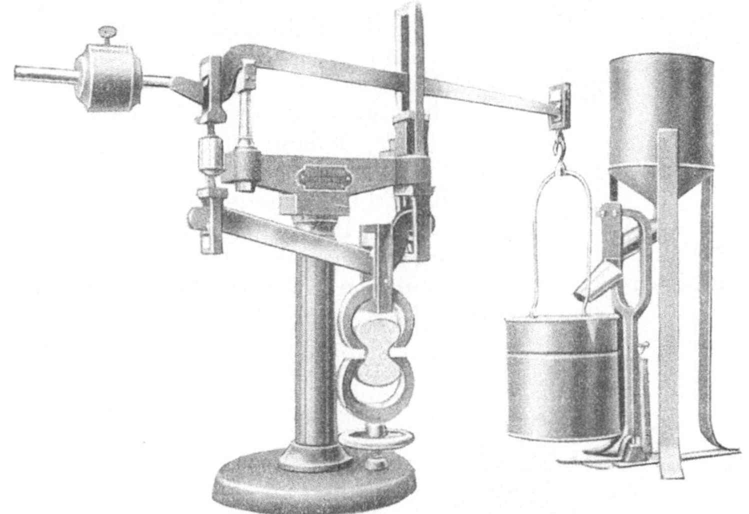

Abb. 11. Zerreißapparat mit Schrotzuführer nach Frühling-Michaelis.

Eine der Ausführungsformen nach Frühling-Michaelis dieses Apparates, Bauart O. A. Richter, Dresden-A. 1, Güterbahnhofstraße 8, ist in der Abb. 11 wiedergegeben. Das Chemische Laboratorium für Tonindustrie, Berlin NW 21, Dreysestr. 4, baut ebenfalls solche Apparate.

6. Makrostruktur, Form und Maß.

Die Ermittlung dieser Eigenschaften feuerfester Steine sowie die hierfür in Frage kommenden Meßinstrumente sind verhältnismäßig so einfach und geläufig, daß auf eine weitere Beschreibung verzichtet werden kann. Für die Kontrolle

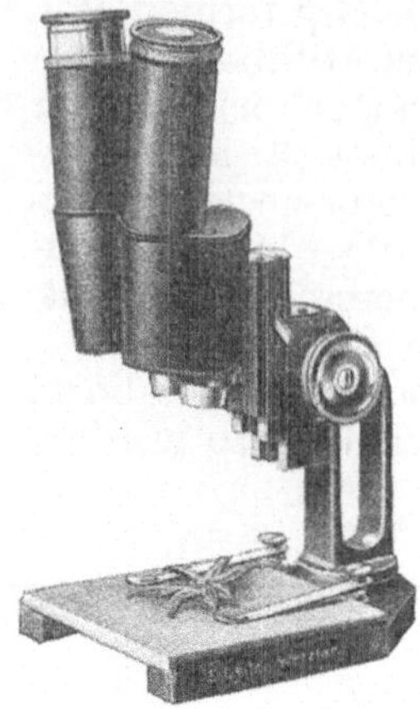

Abb. 12. Leitz-Binokularlupe.

der Makrostruktur können binokulare Lupen zur beidäugigen Beobachtung mit plastischem Bild von Leitz, Busch oder Zeiss angewandt werden. Eine Binokularlupe der Firma E. Leitz, Optische Werke, Wetzlar, ist in der Abb. 12 gezeigt. Diese Leitzsche binokulare Lupe erfreut sich einer besonderen Verbreitung; hat man sie bei der Untersuchung der Oberflächenbeschaffenheit eines feuerfesten Steines, bei der Prüfung der Mahlfeinheit (Korngrößenbestimmung) usw. einmal verwandt, so möchte man sie nicht mehr missen. Infolge ihres außergewöhnlich großen Sehfeldes, hohen Objektstandes und sehr plastischen Bildes ist diese Lupe für die Kontrolle der feuerfesten Steine von einem großen Wert geworden. Ihre Vergrößerung geht bis zu 30fach; bezüglich Lupen mit bedeutend weiter gehenden Vergrößerungen siehe den nächsten Abschnitt 7 (Mikroskopie).

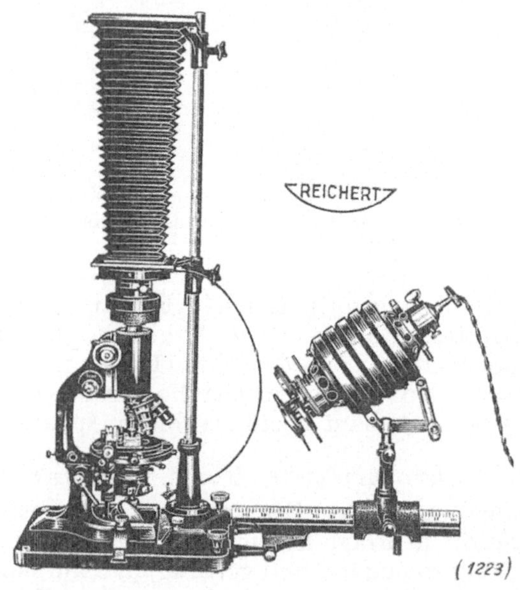

Abb. 13. Makrophotographische Einrichtung von Reichert.

Eine geeignete makrophotographische Einrichtung (Abb. 13) baut die Firma C. Reichert, Wien, Bennogasse 24/26. Es ist dies die makrophotographische Einrichtung nach Prof. Romeis, die aus einer vertikalen Kamera Format 9 × 12 cm, ferner einem am unteren Kameraende sitzenden Objektivstutzen mit Schneckenverstellung besteht, die an einer Gleitstange so verschoben werden können, daß man Balglängen zwischen 150 und 600 mm erzielen kann. Die Objektive (Mikropolare, 30—100 mm Brennweite, Öffnungsverhältnis 1 : 4) werden am Objektivstutzen befestigt. Die erzielbaren Vergrößerungen liegen zwischen $^2/_3$- und 30 fach. Ein allseitig mit Soffitenlampen beleuchteter Objekttisch gestattet die Auflegung sowohl durchsichtiger, als auch undurchsichtiger Objekte bis zu einer Größe von über 100 × 100 mm (vgl. auch Abb. 15a, die mit einer makrophotographischen Einrichtung mit versehen ist.)

Eine weitere gute Konstruktion für den gleichen Zweck (Makrophotographie) ist in der Abb. 13a angegeben. Diese Einrichtung wird von der Firma E. Leitz, Optische Werke, Wetzlar, geliefert; sie ist für ein Plattenformat von 13 × 18 cm vorgesehen[1]). Im übrigen vgl. die Liste dieser Firma Met. B 2306a, S. 19.

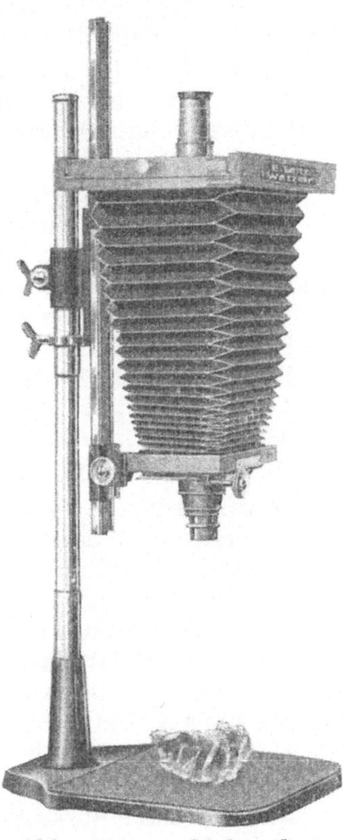

Abb. 13a. Makrophotographische Einrichtung von Leitz.

Zur Maßkontrolle von Ziegeln in allen drei Dimensionen benutzt das American Refractories Institute einen Ziegelmesser, der im Technical Bulletin dieses Institutes Nr. 27 vom September 1928 (vgl. auch Brith. Clayworker Nr. 447 vom Juli 1929, S. 139) beschrieben ist. In Deutschland ist dieser Ziegelmesser im Handel noch nicht erhältlich.

---

[1]) Diese Kamera kann auch mit einer kleinen optischen Bank und Lampe für Aufnahmen mit dem Mikroskop eingerichtet werden (vgl. Abb. 15).

7. Mikroskopie.

Geeignete Mikroskope mit allen erforderlichen Zubehör werden von einer ganzen Reihe optischer Firmen in hervorragender Güte geliefert. Die bedeutendsten sind:

Ernst Leitz, Optische Werke, Wetzlar (Vertretung für Norddeutschland: Berlin NW 6, Luisenstr. 45);

R. Winkel, G. m. b. H., Optische und mechanische Werkstätten, Göttingen (gleichzeitig Vertrieb der Mikroskope von Carl Zeiss, Jena, für auffallendes und durchfallendes polarisiertes Licht);

Carl Zeiss, Jena (auch durch Schuchardt & Schütte A.-G. Berlin C 2, Spandauer Str. 28 bis 29);

C. Reichert, Wien VIII, Bennogasse 24/26 (für Deutschland: F. & M. Lautenschläger, München, Lindwurmstr. 29 und Berlin, Chausseestr. 92);

Emil Busch, A.-G., Rathenow.

R. Fuess, Berlin-Steglitz;

Askaniawerke A.-G., Berlin-Friedenau, Kaiserallee 87 bis 88;

W. & St. Seibert in Wetzlar u. a.

Sowohl für die wissenschaftliche Erforschung, die auch für die laufenden betriebswissenschaftlichen Untersuchungen feuerfesten Materialien liefert die Firma Ernst Leitz, Wetzlar eine Reihe hervorragender Spezialinstrumente, die sich an namhaften Forschungsstätten einiger Hochschulen und in Industrielaboratorien der Feuerfestfabriken im praktischen Gebrauch bewährt haben. Die binokulare Lupe wurde bereits im Abschnitt 6 besprochen. Wenn ihre Vergrößerung (30-fach) für die Beobachtung der in Frage kommenden Objekte, Dünnschliffe (wozu die Lupe ebenfalls gut geeignet ist) usw. nicht ausreicht, so liefert Leitz in Gestalt des Grenoughschen Binokularmikroskops ein Instrument, dessen Vergrößerungen durch Einschieben stärkerer Objektivpaare bis auf rund 220fach gesteigert werden können. Die gleiche Firma liefert auch ein auf Anregung von Endell gebautes Polarisations-Erhitzungsmikroskop, das die unmittelbare Beobachtung chemischer und physikalischer Vorgänge bei höheren Temperaturen gestattet. Näheres über dieses Instrument (Abb. 58) siehe Abschnitt 22. Besonderer Beliebtheit erfreuen sich in den Kreisen der Mineralogen die Leitzschen Polarisationsmikroskope, die der Untersuchung der Feinstruktur, d. h. des Innenaufbaues eines feuerfesten Fabrikates, also zur

Unterscheidung von Sillimanit, Kristobalit, Mullit usw., im polarisierten Licht dienen. Neben den normalerweise bei Dünnschliffuntersuchungen nur für durchfallendes

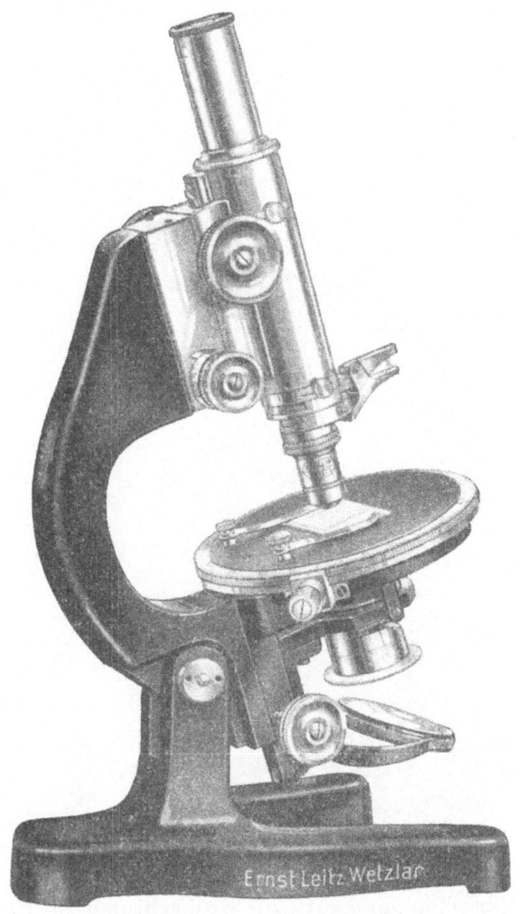

Abb. 14. Polarisationsmikroskop von Leitz, Wetzlar, zur Beobachtung von Dünnschliffen.

Licht (Abb. 14) eingerichteten Polarisationsmikroskopen baut Leitz seit einigen Jahren ein Spezialstativ[1]) (Abb. 14a), das

---

[1]) P. Ramdotz, Mikroskopische Beobachtungen an Graphiten und Koksen. Stahleisenverlag, Düsseldorf.

ermöglicht, auch Anschliffe im auffallenden polarisierten Licht zu betrachten; dabei ist das Instrument so eingerichtet, daß gleichzeitig durch Betätigen eines einzigen Griffes

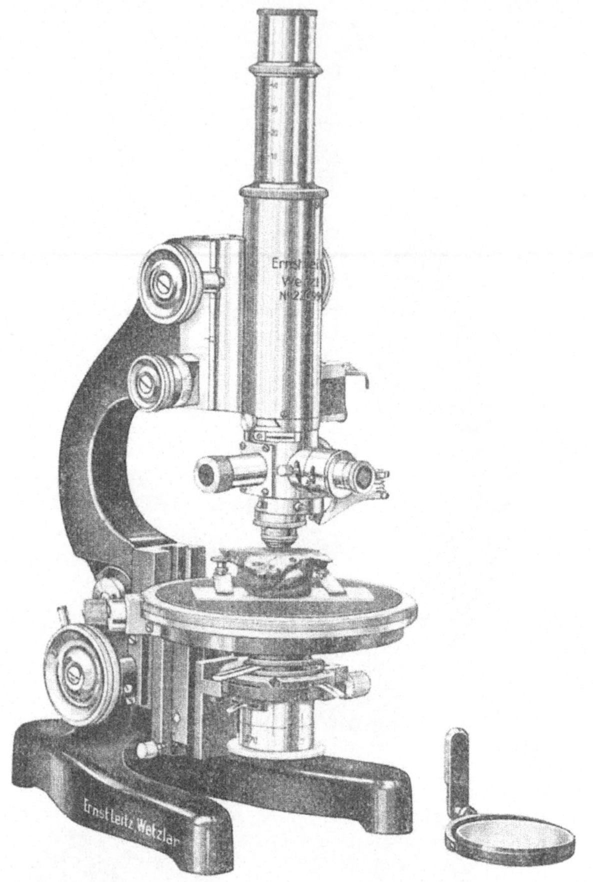

Abb. 14a. Mikroskop von Leitz zur Beobachtung von Dünnschliffen und Anschliffen im polarisierten Licht.

auch Dünnschliffe durchleuchtet werden können. Zur Beleuchtung der Anschliffe ist eine besondere Vorrichtung, der sog. Opakilluminator, am unteren Ende des Mikroskoptubus angebracht.

Es würde hier zu weit führen, im einzelnen die verschiedenen Mikroskopkonstruktionen nebst Hilfsgeräten zu beschreiben. Es muß dieserhalb schon auf die Spezialliteratur verwiesen werden. Auch bringen die genannten Firmen einschlägige Druckschriften heraus, die auf Verlangen erhältlich sind und über Mikroskope für die verschiedensten Anwendungsgebiete viel Wissenswertes enthalten. Beispielsweise seien genannt die einschlägigen Druckvorschriften von E. Leitz, Wetzlar, ferner die Druckschriften der Firma Winkel[1]), Göttingen, sowie die „Anleitung zum Gebrauch von Mikroskopen und Nebenapparaten zur Untersuchung in auffallendem Licht“ der Firma Busch, Rathenow. Die letzte Druckschrift behandelt die Beleuchtungsvorrichtungen (Opakspiegel, Lieberkühn-Spiegel, Vertikalilluminator, Lampen), Objektive und Okulare, Mikroskopmodelle, Einstellen des Mikroskops und mikrophotographische Aufnahmen.

Über die Mikroskope der Firma Reichert, Wien, hat Prof. Hibsch in der Zeitschrift „Feuerfest“ II (1926) Heft 10 und 12, S. 93 bis 95 und 113 bis 117 bereits ausführlich berichtet. Da dieser Aufsatz sich nicht allein mit der Beschreibung des Mikroskops befaßt, sondern weniger Eingeweihten auch Richtlinien für die Handhabung sowie Anwendung des Mikroskops zur Bewertung von Quarziten und Silikasteinen gibt, erscheint ein besonderer Hinweis auf die Arbeit an dieser Stelle angebracht.

Ein Spezialinstrument für Untersuchungen im auffallenden, sowie im durchfallenden polarisierten Licht ist das mit Polarisations-Opakilluminator ausgerüstete Erzmikroskop (Abb. 14b) der Firma Reichert, Wien VIII, Bennogasse 24

---

[1]) Die reichhaltigen Unterlagen der (mit Zeiss-Jena in Interessengemeinschaft stehenden) Firma R. Winkel G. m. b. H., Göttingen, Postschließfach 15, kamen verspätet in meinen Besitz, und zwar zu einem Zeitpunkt, als das vorliegende Buch sich bereits im Druck befand, so daß es mir leider nicht mehr möglich war, die hochinteressanten und angesehenen Instrumente dieser Firma in der vorliegenden Arbeit mit zu berücksichtigen. Ich muß mich deshalb, wenigstens in dieser Fußnote, mit folgenden kurzen Angaben begnügen: Für die keramische Industrie kommen zur Untersuchung der Dünnschliffe im polarisierten Licht die mineralogischen Mikroskope (in Verbindung mit dem kleinen mikrophotographischen Apparat) nach der Druckschrift Nr. 253, zum Teil auch 252 der Firma in Frage. Zur Untersuchung der Oberfläche feuerfester Erzeugnisse im auffallenden polarisierten Licht verwendet man außer Metallmikroskopen (Druckschrift 230), die auch mit Polarisationseinrichtung lieferbar sind, auch Erzmikroskope dieser Firma (Druckschrift 255). Jedes Polarisationsmikroskop ist mit einer Zusatzeinrichtung für die Beobachtung im gewöhnlichen und polarisierten Licht (Vertikal-Illuminator M) versehen.

bis 26, welches mit zwei Lichtquellen für subjektive Beobachtung einerseits, für Mikrophotographie andererseits ausgerüstet ist, und den großen Vorzug besitzt, daß das Mikroskop und Lichtquelle stets fix verbunden sind.

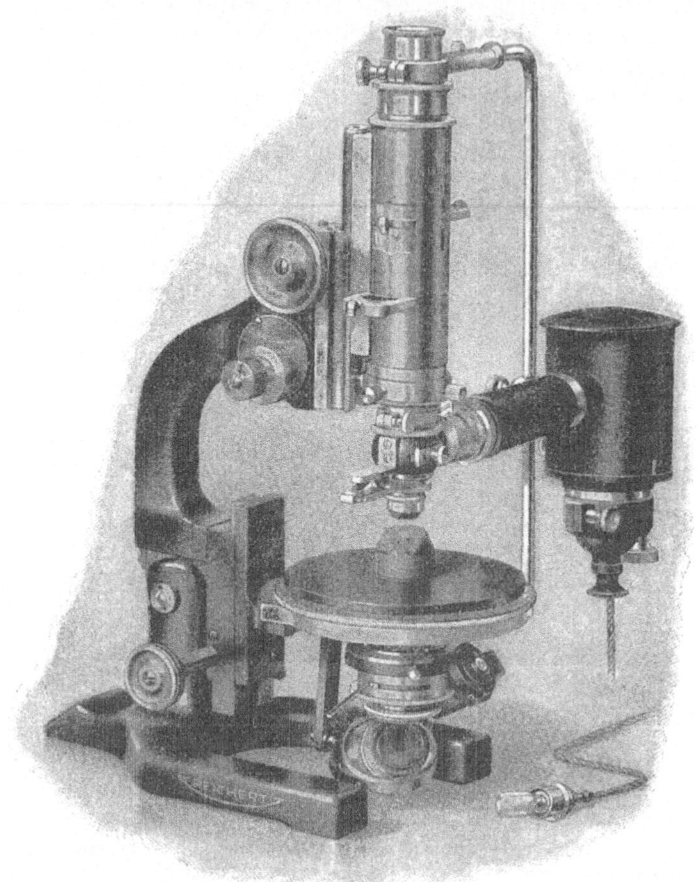

Abb. 14b. Reichertsches Mikroskop für Untersuchung im auffallenden und durchfallenden Licht.

Die Anwendung des Mikroskops zur Bewertung von feuerfesten Stoffen und Erzeugnissen ist sehr mannigfach.

Zur Bestimmung der verschiedenen Formen der Kieselsäure (Quarz, Tridymit, Kristobalit) in Silikasteinen wird in

den englischen Normen[1]) für Gaswerksofensteine die Messung
der Brechungsexponenten (Quarz — 1,549, Tridymit — 1,447,
Kristobalit — 1,484) nach Becker oder besser nach Schröder van der Kolk mittels des optischen Einbettungsver-
fahrens unter dem Mikroskop vorgeschlagen. Nach neueren
deutschen Arbeiten (Deutsche Mineralogische Gesellschaft,
Fortschritte, Bd. 7, 1922, S. 4—61, Prof. Spangenberg,
Die Einbettungsmethode) soll jedoch das Arbeitsverfahren
nach Schröder von der Kolk wenig zu empfehlen sein.
Die Methode nach Becke mit enger zentraler Beleuchtung
soll wesentlich bessere Ergebnisse liefern[2]).

Mit dem Mikroskop kann ferner auch der Feinheitsgrad
der Bestandteile des feuerfesten Materials ermittelt werden,
worüber einiges aus dem Abschnitt 3 zu ersehen ist. Über
die Anwendung des Mikroskops zur Bestimmung freier
Kieselsäure siehe Abschnitt 2. Bezüglich des Studiums der
Sintervorgänge in feuerfesten Massen und der Umwandlungserscheinungen in Quarz und Silikasteinen vermittels Mikroskopie siehe unter anderem im Abschnitt 22.

Neben den erwähnten und auch sonst bekannten Anwendungsmöglichkeiten des Mikroskops im Laboratorium
zur Prüfung feuerfester Erzeugnisse möge auch auf die Ausführungen von W. F. Boericke in „Mining and Metallurgy"
Vol. X (1929), Januarheft, S. 16—18 (Refer.: Feuerfest-Ofenbau 1930, Heft 2, S. 25—26) hingewiesen werden; aus dieser
Arbeit folgt, daß das Mikroskop nach den Erfahrungen des
Laboratoriums der General Refractories Company wertvolle
Dienste bei der Verbesserung der Fabrikation verschiedener
feuerfester Spezialsteine leistete. Es seien hier erwähnt:
Mikrountersuchungen von Mullit-Kristallausbildungen, Feststellung der Art und Menge von Kohlenablagerungen zwischen
Schamottekörnern der Hochofensteine Studien über akzes-
sorische Mineralien von Chromerz, Feststellung der fort-
schreitenden Periklas-Kristallisation in Magnesitsteinen usw.

Für mikrophotographische Aufnahmen[3]) bezieht man
geeignete Apparaturen von den am Anfang dieses Abschnittes
angegebenen Firmen.

---

[1]) Ker. R. 1922, Heft 52.

[2]) Vgl. auch eine Monographie von Krassenskaja über diesen
Gegenstand (Mitteil. des Staatl. Keram. Forschungsinstituts in Lenin-
grad N 8), wo sich auf S. 33—36 ein Resumé der Arbeit in deutscher
Sprache befindet.

[3]) Literatur hierüber: Laubenheimer, Lehrbuch der Mikrophotographie. Verlag Urban und Schwarzenberg, Berlin.

Für die meisten Fälle genügt ein kleiner mikrophotographischer Apparat für ein größtes Plattenformat 9×12 cm. Der Apparat besteht aus einer Kamera von veränderlichem Auszug. Die Länge kann etwa zwischen 15 und 50 cm eingestellt werden. Eine an der Säule angebrachte Skala mit Hilfsteilung erlaubt die genaue Ablesung einer als vorteilhaft ausprobierten Länge und Stellung der Kamera auf etwa 0,5 mm genau.

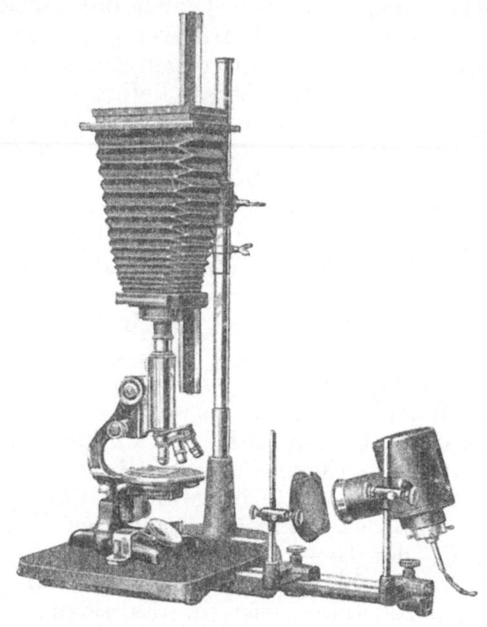

Abb. 15. Mikrophotographischer Apparat von Ernst Leitz, Wetzlar, mit optischer Bank zur Aufstellung der Lichtquelle und des Filterstativs.

Ein mikrophotographischer Apparat der Firma E. Leitz, Wetzlar, ist in der Abb. 15 wiedergegeben. Der Apparat läßt sich verwenden:

1. für Mikroaufnahmen in Verbindung mit vertikal stehendem Mikroskop;
2. für Übersichtsaufnahmen opaker Objekte mit Hilfe der Mikrosummare und Summare von 24—120 mm Brennweite;
3. für Übersichtsaufnahmen durchsichtiger Objekte mit Hilfe der Mikrosummare und Summare von 24 bis

120 mm Brennweite und unter Anwendung des Tisches für durchfallendes Licht und der Beleuchtungslinsen.

Im einzelnen hat die Kamera folgende Einrichtungen: Der Kameraträger ist längs eines vernickelten Stahlrohrs verschiebbar und in der gewünschten Höhe mittels Klemmschraube fixierbar. Eine Führungsnute im Stahlrohr und eine Einschnappfeder im Kameraträger verhindern beim Heben und Senken jede seitliche Abweichung. Das Kamerastirnbrett sowie der Kassettenrahmen sind längs der mit dem Kameraträger verbundenen Schiene verschiebbar und in beliebiger Stellung mittels Klemmschrauben festklemmbar. Beide Enden der Schiene sind mit Anschlägen versehen.

Um das Bild auch direkt im Mikroskop beobachten zu können, läßt sich die Kamera nach Lösen der Klemmschrauben am Kameraträger um die vertikale Stahlrohrsäule drehen, so daß sie seitlich herausgeschlagen werden kann. Ihre richtige Höheneinstellung wird in diesem Falle durch einen auf der Säule verschiebbaren Steuerring gesichert, den man unmittelbar unter dem Kameraträger befestigt.

Für mikrophotographische Aufnahmen undurchsichtiger Objekte eignet sich ferner die große metallographische Einrichtung der Firma Reichert (Wien VIII, Bennogasse 24/26), die seit Jahren in den wissenschaftlichen und industriellen Laboratorien bestens eingeführt ist und sich sehr gut bewährt hat. Dieses Großinstrument gestattet alle Arten von mikro- (und makroskopischer)[1], subjektiver und objektiver Beobachtung bei Vergrößerungen zwischen einfach und 10 000 fach. Die ganze Einrichtung (Abb. 15a) befindet sich auf einer 2 m langen optischen Bank, zu der auch eine federnde Aufhängevorrichtung geliefert wird, die eine erschütterungsfreie Lagerung des Instrumentes auch in stark schwingenden Gebäudeteilen sichert. Auf der optischen Bank befinden sich Lichtquelle (Uhrwerkbogenlampe oder Niedervoltlampe) und das Mikroskop mit Beleuchtungs-, Beobachtungs- und Kameratubus, ausgestattet mit großem dreh- und zentrierbarem Objekttisch, der infolge besonderer Vorrichtung die Auflage auch sehr schwerer und umfangreicher Objekte gestattet. Neben dem Mikroskop steht die große mikrophotographische Kamera Format 13×18 cm mit Balglängen zwi-

---

[1] Mit den am Apparat angebrachten Einrichtungen lassen sich auch Verkleinerungen durchführen.

schen 165 und 900 mm. Um ein bequemes Beobachten sowohl
des subjektiven Bildes, als auch des Mattscheibenbildes von
einem Platz aus zu ermöglichen, ist die Kamera als Spiegel-
reflexkamera gebaut, wodurch das Bild sowohl auf die seitliche als auch auf die rückwärtige Mattscheibe geworfen
werden kann. Zur bequemen Betrachtung des Mattscheibenbildes befindet sich vor der Kamera eine in beide Stellungen
schwenkbare Schaulinse von 160 mm Durchmesser.

Auf einer an der optischen Bank hängenden Dreikantschiene befinden sich die optischen Behelfe für die makrosko-
pische Beobachtung. Besondere Zusatzeinrichtungen gestatten mit diesem Instrument auch Relief- und Dunkelfeld-

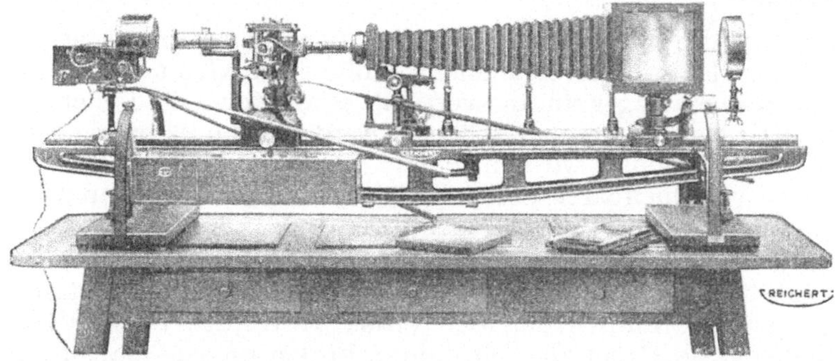

Abb. 15a. Mikrophotographische[1]) Einrichtung von Reichert.

aufnahmen, letztere derzeit allerdings nur bei schwachen
Vergrößerungen durchzuführen. Überdies sei noch erwähnt,
daß Reichert seit einiger Zeit auch eine Zusatzeinrichtung
liefert, die die subjektive Untersuchung auch von durchsichtigen Objekten im durchfallenden Licht gestattet.

Neben sonstigen mikrophotographischen Einrichtungen
der Firma Ernst Leitz, Optische Werke in Wetzlar verdient noch die Mikro-Aufsatzkamera der gleichen
Firma erwähnt zu werden. Diese Mikro-Aufsatzkamera[2])
erlaubt bei einfachster Handhabung photographische Aufnahmen zu machen, die alle Einzelheiten des subjektiv be-
obachteten Bildes getreu wiedergeben. Sie besteht aus dem
Einstellaufsatz mit Okular und der auswechselbaren Ansatz-

---

[1]) Einrichtung für Mikroaufnahmen ist auf dem Bild vom Balg
verdeckt.

[2]) Vgl. H. Heine in der Zeitschr. f. wissensch. Mikroskopie 1925,
42, S. 307—312.

kamera mit Teleobjektiv für $4^1/_2 \times 6$ cm bzw. 9×12 cm Plattengröße. Die Kamera kann ohne umständliche Anbringung von Zwischenstücken und ohne sonstige Vorbereitung des Mikroskopes einfach an Stelle des Okulars auf jedes Stativ mit normalem Okulardurchmesser aufgesetzt werden.

Eine ähnliche Einrichtung stellt auch das in der Abb. 16 gezeigte photographische Okular („Phoku") der Firma Carl Zeiss, Jena, dar. Das Okular dient zur Herstellung mikrophotographischer Aufnahmen auf Platten $4^1/_2 \times 6$ cm während der Beobachtung. Das „Phoku" wird auf den Außentubus der größeren Mikroskopstative von Zeiss (oder Winkel) aufgeschraubt, nachdem die Schiebhülse des Ausziehtubus bzw. der Okularstutzen abgeschraubt worden ist. Dabei muß die Entfernung von der Anschraubfläche des Objektives bis zur Anschraubfläche des „Phoku", also die Länge des Außentubus einschließlich der Wechselwirkung oder des Objektivzwischenringes (Länge $A + B$ in der Abb. 16) 115 mm sein. Durch das Aufsetzen des „Phoku" wird die mechanische Tubuslänge von 160 mm auf 230 mm verlängert. Zum optischen Ausgleich dieser Differenz dienen die achro-

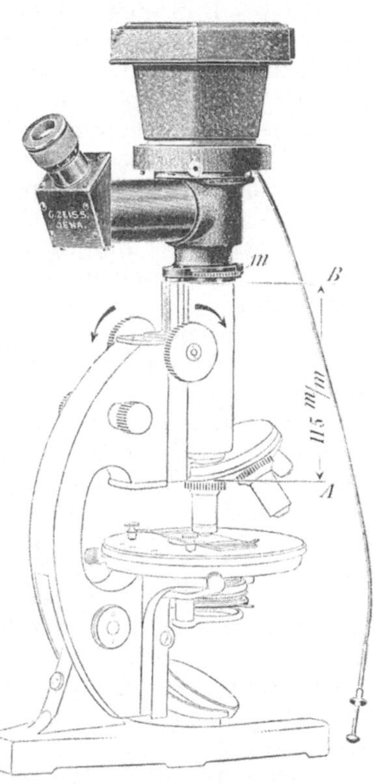

Abb. 16. Photographisches Okular „Phoku" nach Siedentopf von Carl Zeiss, Jena.

matischen Negativlinsen H und L, die in den unteren Teil des „Phoku" einzuschrauben sind. Das Bild, das das Objektiv vom Gegenstand entwirft, wird durch diese Negativlinsen genau in der Ebene der photographischen Platte entworfen und dabei mit H 6,2mal und mit L 4,7mal vergrößert. Gleichzeitig wird durch diese Negativlinsen die Wölbung, die bekanntlich den Bildern der Mikroskopobjektive innewohnt, verringert. Die chromatische Korrektion dieser negativen Vergrößerungssysteme ist so, daß sie identisch ist mit derjenigen von Kompensationsokularen. Deshalb erhält man mit apochromatischen Objektiven die besten Resultate. An einer durchlässig versilberten Fläche wird das Strahlenbündel gespalten, so daß ein zweites Bild im Okularansatz des „Phoku“ erzeugt wird, das man in bequemer Körperhaltung während der Aufnahme durch das Okular beobachten kann. Absichtlich gelangt die größere Lichtmenge auf die photographische Platte, die kleinere in das Seitenrohr; auch ist das photographische Sehfeld noch etwas größer als das dem Auge dargebotene. Das Okular zeigt das zu photographierende Bild viermal so groß, als es photographiert wird. Um die Einstellung auf einer Mattscheibe unnötig zu machen, sind im vorderen Abschnitt des Okulars ein Linsensystem und eine Stichplatte angebracht.

Es sei wiederum erwähnt (vgl. S. 31), daß mikrophotographische Einrichtungen auch bei einer Reihe anderer am Anfang dieses Abschnittes aufgezählter Mikroskope liefernden Firmen erhältlich sind.

Die Anwendung des Mikroskopes beschränkt sich nicht allein auf die Untersuchung der Mikrostruktur feuerfester Steine und Materialien, sondern auch, wie es an verschiedenen Stellen dieser Arbeit erwähnt ist, zur Ermittlung der verschiedenen Formen der Kieselsäure (siehe Abschnitt „Chemische Analyse“), der freien Kieselsäure und des Quarzes („Rationelle Analyse“), des Feinheitsgrades der keramischen Materialien („Korngrößenbestimmung“), zum Studium der Umwandlungserscheinungen vermittels des Erhitzungsmikroskopes, nach Endell usw. Letzteres ist im Abschnitt „Verschiedenes“ beschrieben.

Über mikroskopische Verfahren in natürlichen Farben berichtet T. S. Curtis im Journ. Amer. Cer. Soc. Bd. XI (1929), Heft 8, S. 609—632; ein ausführliches Referat hierüber befindet sich in der Zeitschrift „Die Meßtechnik“ 1929, Heft 2, S. 45—47. (Verl. W. Knapp, Halle a. S., Mühlweg 19).

8. Röntgenuntersuchung.

Während man zur Erforschung der Werkstoffe der Eisenindustrie die röntgenographischen Methoden seit einiger Zeit bereits mit Erfolg benutzt, werden diese Methoden in der keramischen Industrie einstweilen nur vereinzelt angewandt.

Indessen zeigen manche Publikationen aus der letzten Zeit, daß auch bei der Untersuchung feuerfester Erzeugnisse die Röntgenographie unter Umständen gute Dienste[1]) leisten kann.

Über die Anwendung der röntgenographischen Prüfmethoden zur Untersuchung von Werkstoffen gibt es bereits eine reichhaltige Literatur[2]). Mit den Anwendungsmöglichkeiten dieser Methoden in der Keramik befaßte sich meines Wissens zuerst Prof. K. Rinne[3]), der darüber eine Arbeit in der Ker. R. 1925, Hefte 27—29, S. 427—429, 459—460 und 525—527 veröffentlichte. Spätere Arbeiten über die Röntgenographie in der Keramik veröffentlichten Dr. Krause (früher Freiberg, jetzt Professor an der Technischen Hochschule in Breslau) in Ber. D. Ker. Ges. 8, 1927, S. 114—130 und C. Gottfried in Glast. Ber. 6, 1928, S. 178—183 und Ber. D. Ker. Ges. 9, 1928, S. 445—453. Aus den Arbeiten von Rinne, Gottfried und Krause, die einen guten summarischen und für den Keramiker zunächst wohl ausreichenden Überblick über den Stand der Frage geben, folgt übereinstimmend, daß von den bis jetzt angegebenen Verfahren nach Laue, Bragg und Debye-Scherrer nur das letztere in Frage kommt, da es auf wohlausgebildete Kristalle verzichten kann und Verwendung von Pulverpräparaten gestattet.

---

[1]) In der Heidelberger Sitzung (Ende September 1929) der Deutsch. Ker. Gesellschaft zeigte Dr. Hartmann in seinem Vortrag Röntgendiagramme gebrannter Magnesitsteine.

[2]) W. H. Bragg und W. L. Bragg, X-rays and Cristal Structure, London, G. Bell, 1924; G. Clark, Applied X-rays, London, Mc Graw Hill, 1927; P. Ewald, Kristalle und Röntgenstrahlen, Berlin, Julius Springer, 1923; R. Glocker, Materialprüfung mit Röntgenstrahlen, Berlin, Julius Springer, 1927; Herr, Technische Röntgenverfahren und ihre Anwendungsgebiete, Vortrag, Techn. Mitt. Röntgenbetr. der Firma C. H. F. Müller, A.-G., Hamburg 1928, Nr. 5; H. Mark, Die Verwendung der Röntgenstrahlen in Chemie und Technik, Leipzig, J. A. Barth, 1926; M. Siegbahn, Spektroskopie der Röntgenstrahlen, Berlin, Julius Springer, 1924; A. Sommerfeld, Atombau und Spektrallinien, Braunschweig, Fr. Vieweg, 1922; K. A. Sterzel, Grundlagen der technischen Strahlendiagnostik, insbesondere des Eisens, Z. techn. Phys. 1924, Heft 1—4; R. Wyckoff, The Structure of Crystals, New York, Chem. Cat. Comp., 1924; Rinne, Das feinbauliche Wesen der Materie nach dem Vorbilde der Kristalle, Borntraeger, Berlin; Kantner und Herr, Die Verwendbarkeit der Röntgenverfahren in der Technik, VDI.-Verlag, Berlin. (Hierin Literaturangaben.)

[3]) Jetzt Freiburg, früher Leipzig, wo dieses Arbeitsgebiet jetzt Prof. Dr. Schiebold (Mineralogisches Institut) behandelt.

Für die Untersuchung der Feinstruktur (Korngrößenbestimmung, Beobachtung von Erweiterungs-, Umbildungs-[1])

Abb. 17. Spektro-Analyt-Apparat von Rich. Seifert & Co., Hamburg 13, für Feinstrukturuntersuchungen mit Röntgenstrahlen, offene
Ansicht.

und Neubildungsvorgängen, Brenntemperaturen, Plastizität
usw.) eignet sich der in der Abb. 17 wiedergegebene fahrbare

---

[1]) Über die Anwendung der Röntgenographie zur Feststellung des
Umwandlungsgrades (Vgl. a. Abschnitt 22) der Kieselsäure in einem
Silikasteine berichten G. L. Clark und A. V. Anderson in einer
Arbeit „X-Ray Study of the Zonal Structure of Silica Brick from the
Roof of a Basic Open-Hearth Furnace", erschienen in Ind. Engg.
Chem. im August 1929, S. 781—785 (vgl. auch ein Referat von Philipp
über diese Arbeit in „Feuerfest-Ofenbau" 1930, Heft 1, S. 11).

Spektro-Analytapparat nach Prof. Dr. Schiebold in der Ausführung der Firma Rich. Seifert & Co., Hamburg 13, Behnstr. 7—11. Für derartige Untersuchungen werden heute die modernen Kreuzfokus-Materialuntersuchungs-Röntgenröhren der bekannten Röntgenröhren-Fabrik C. H. F. Müller A.-G., Hamburg 15, Hammerbrookstr. 93, benutzt. Diese in Abb. 18 gezeigten Röntgenröhren erzeugen die für das Debye-Scherrer-Verfahren notwendige monochromatische Röntgenstrahlung.

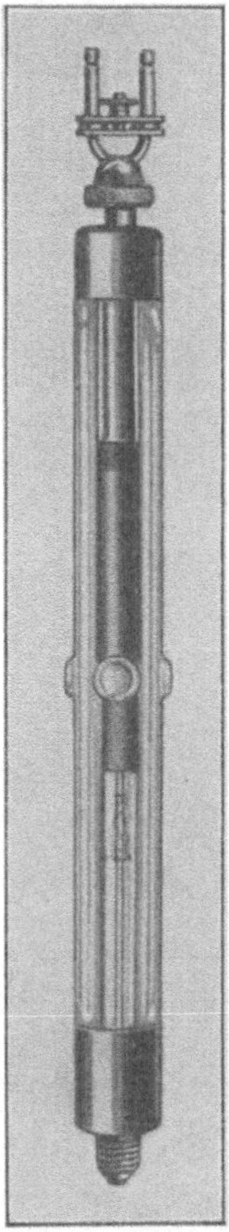

Eine größere Seifertsche Anlage für Feinbauntersuchungen im Mineralogischen Institut der Universität Leipzig zeigt die Abb. 19. Hier sind die Aufnahmevorrichtungen auf einem von der Hochspannungsapparatur getrennten Arbeitstische untergebracht.

Die Grobstrukturuntersuchungen, bei welchen die Roh- und Fertigfabrikate auf innere Beschaffenheit hinsichtlich Dichte, Gleichmäßigkeit, Einschlüsse, Blasen, Risse usw. ohne Zerstörung der Werkstücke geprüft werden sollen, können unter Umständen bei feuerfesten Erzeugnissen (z. B. beim Aufdecken von Lunkern in Wannenblöcken usw.) eine viel stärkere Bedeutung erlangen. Nach Auskunft verschiedener Firmen, sowie des Kaiser-Wilhelm-Instituts für Metallforschung, welches übrigens eine eigene, ebenfalls von Rich. Seifert & Co., Hamburg 13, vertriebene Bauart entworfen hat, soll es je nach der Steinstärke durchaus möglich sein, solche Lunker und Risse festzustellen, wenn sie einigermaßen in der Richtung des das Material durchsetzenden Strahlenbündels verlaufen. Eine Aufnahmevorrichtung für Grobstrukturuntersuchungen großer Leistungen in der Bauart der Deutschen Reichsbahngesellschaft zu Wittenberge[1]) verbunden mit einem Spektral-Iso-

Abb. 18. Kreuzfokus-Materialuntersuchungs-Röntgenröhre mit Lindemann-Fenstern, zum gleichzeitigen Betrieb von 4 Kameras. Speziell geeignet für Feinstrukturuntersuchungen. Fabrikat C. H. F. Müller A.-G.

---

[1]) Kantner & Herr, Die Verwendbarkeit der Röntgenverfahren in der Technik. VDI.-Verlag, Berlin 1928.

volt-Röntgenapparat der Firma Rich. Seifert & Co., Hamburg 13, ist in Abb. 20 wiedergegeben. Sie ist jetzt als Schienenfahrzeug für Regelspur ausgebildet worden und kann

Abb. 19. Röntgenanlage der Firma Rich. Seifert, Hamburg, für Feinstrukturuntersuchungen im Mineralogischen Institut der Universität Leipzig.

beliebig in den Werkstätten bei der Untersuchung schwer beweglicher Werkstücke (natürlich auch nicht feuerfester), aber auch auf freier Strecke Anwendung finden. In solchen und ähnlichen Apparaturen verwendet man für die Zwecke der Grobstrukturuntersuchungen besonders konstruierte Röntgenröhren mit scharf zeichnendem Strichfokus nach

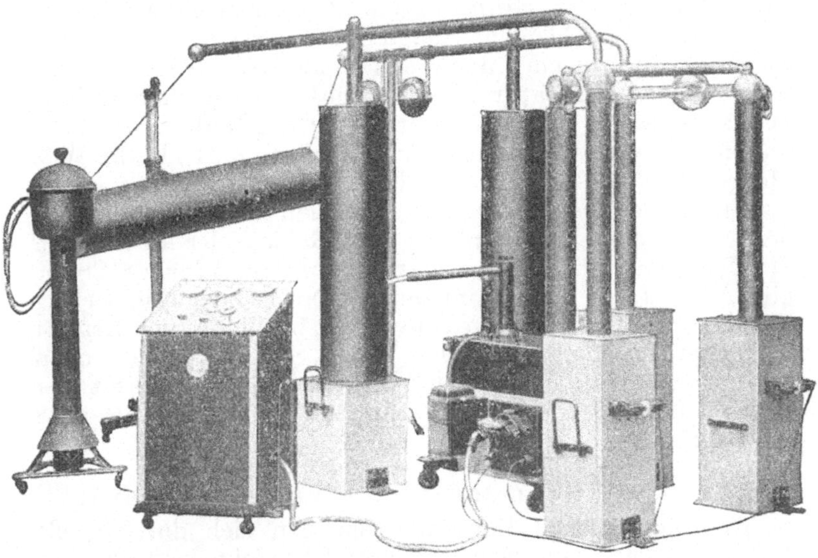

Abb. 20. Große Anlage für die Durchleuchtung von Werkstücken der Deutschen Reichsbahngesellschaft (mit Seifertschem Spektral-Isovolt-Röntgenapparat).

Prof. Dr. Goetze, wie sie von der Firma C. H. F. Müller, A.-G., Hamburg 15, Hammerbrookstr. 93 hergestellt und in den Handel gebracht werden. Abb. 21 zeigt eine solche

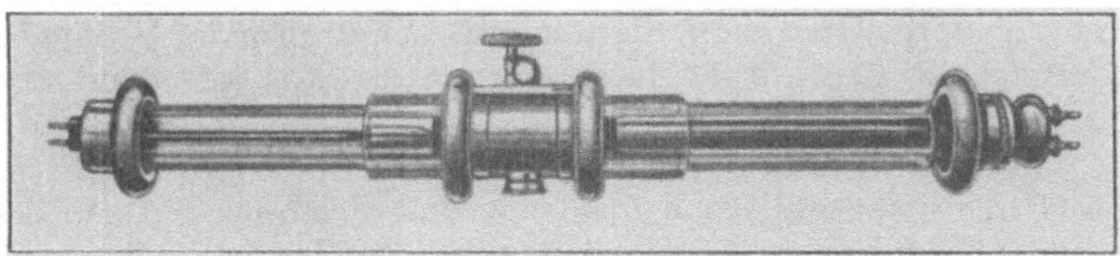

Abb. 21. Matwa-Metalix mit Strahlenschutz, speziell geeignet für Grobkonstrukturuntersuchungen, Fabrikat C. H. F. Müller, A.-G.

Röntgenröhre mit Strahlenschutz. Das vorbildlich eingerichtete Forschungsinstitut der Vereinigten Stahlwerke in Dortmund verwendet für Röntgendiaskopie und -spektroskopie Apparate von Seemann, Freiburg i. Br., Rheinstr. 4.

Die dort benutzte Apparatur dient gleichzeitig auch der Bewältigung zahlreicher metallographischer Aufgaben. Zum Schluß sei erwähnt, daß Dr. Gottfried, Berlin, in seinen Vorträgen auf eine Siemenssche Apparatur hinweist, die, abgesehen von kleinen äußeren Dimensionen (Flächenanspruch 80 × 80 cm), auch den Vorteil der Billigkeit aufweist. Diese Apparatur (die übrigens auch in dem Kaiser-Wilhelm-Institut für Silikatforschung angewandt wird) ist von der Siemens-Reiniger Veifa, G. m. b. H., Berlin W 8, Mohrenstraße 58—59, zu beziehen.

Eine Zusammenfassung der bisherigen Arbeiten (mit reichhaltigen Literaturangaben) auf dem Gebiete der Anwendung der Röntgenstrahlen zur Untersuchung feuerfester Steine gibt A. E. R. Westman im Bulletin Nr. 193 der Engineering Experiment Station an der Universität in Illinois (vgl. Referat in „Feuerfest-Ofenbau" 6, 1930, Heft 1, S. 11—12). Westman selbst verwendete zu seinen Versuchen einen Apparat der General Electric Company, beschrieben in Gen. Elec. Rev. 28 (1925), S. 286.

9. Porosität, Raumgewicht, spezifisches Gewicht.

Die angewandten Methoden zeichnen sich durch große Mannigfaltigkeit aus. Eine kritische Übersicht der Verfahren und Apparate bringen die Werkstoffausschußberichte Nr. 44 und 82.

Im Forschungsinstitut der Vereinigten Stahlwerke wird der Apparat nach Abb. 22 (näheres hierüber siehe auch im Wifa-Bericht Nr. 17) angewandt.

Dieses Volumenometer nach Reich, entwickelt (und angewandt) im Laboratorium der Firma Hiby & Schroer, A.-G. in Berg.-Gladbach, dient zur Bestimmung des Volumens keramischer Prüfkörper nach dem Quecksilberverdrängungsverfahren[1]).

Zur Füllung hebt man (Abb. 22) die Meßbürette (*11*) mittels des Grobeinstellschlittens (*9*) soweit, daß die Marke 2,5 ccm sich in gleicher Höhe mit der Kontaktspitze des Drahtes (*3*) bei gut aufsitzendem Beschwerungskörper (*6*) befindet und gießt soviel Quecksilber durch die Meßbürette in den Apparat, daß gerade die Signallampe (*10*) aufleuchtet. Dann senkt man die Bürette so tief als möglich, zieht den Beschwerungskörper (*1*) hoch

---

[1]) Das Verdienst, das erste Quecksilbervolumenometer in Deutschland konstruiert zu haben, gebührt Direktor Dr. Steinhoff, Dortmund.

bis die Haltedrähte (*4*) für den Prüfkörper frei sind. In diese setzt man den Prüfkörper ein und senkt hierauf den Beschwerungskörper bis er auf dem Ring des Verdrängungsgefäßes fest aufsitzt. Nun hebt man die Meßbürette zuerst mittels des Grobeinstellschlittens, dann mittels des Feineinstellschlittens (*10*) soweit, bis das aufsteigende und den Prüfkörper überflutende Quecksilber die Kontaktspitze des Drahtes (*2*) berührt und die Signallampe aufleuchtet. Es ist darauf zu achten, daß weder der Prüfkörper noch die Haltedrähte die Wandungen des Glasgefäßes berühren. Nun liest man den Quecksilberstand in der Bürette ab (Ablesung I). Man hebt den Beschwerungskörper mit dem daranhängenden Prüfkörper hoch, nimmt den letzteren ab und senkt den Beschwerungskörper wieder bis zur Auflage. Jetzt hebt man die Meßbürette wiederum bis zum Aufleuchten des Signals und liest den Quecksilberstand ab (Ablesung II). Die Differenz der Ablesung I und II gibt das Volumen. Die Nullstellung führt man nach der Bestimmung aus, um Quecksilber, das vielleicht in die Poren des Körpers eingedrungen ist, zu berücksichtigen. Würde man die Nullstellung vor der Bestimmung vorgenommen haben, so würde man einen zu kleinen Wert für V gefunden haben.

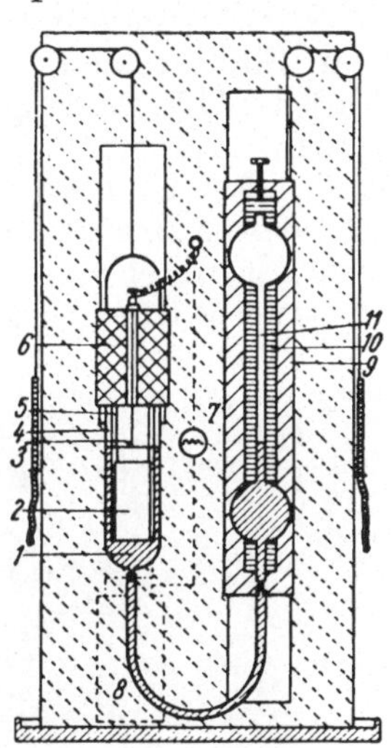

Abb. 22.   Volumenometer nach Reich.

Benutzt man den Apparat nicht, so empfiehlt es sich, die Bürette soweit zu senken, daß der Quecksilberspiegel sich in der unteren Kugel befindet. Ein etwa sich absetzender Ring von Unreinigkeiten aus dem Quecksilber beschmutzt dann nicht den graduierten Teil der Bürette. Der Apparat wird von der Firma Dr. Taurke vorm. Dr. Goercki, Dortmund, Saarbrücker Straße 29, geliefert, und zwar in verschiedenen durch die Größe der Prüfkörper bedingten Ausführungsformen.

Das Centrallaboratorium und Forschungsinstitut des Didier-Konzerns in Stettin benutzt zur Bestimmung des spezifischen Gewichts, des Raumgewichtes und der Porosität feuerfester Steine einen dortselbst konstruierten Apparat, der vom Tonindustrie-Laboratorium, Berlin, vertrieben wird. Eine ausführliche Beschreibung und Gebrauchsanweisung auf Grund von Abbildungen findet sich in einem Aufsatz von Miehr, Kratzert und Immke in Ker. R. 1926, Nr. 42, S. 679—682, worauf hiermit verwiesen sei. An der gleichen Stelle sind auch die in Betracht kommenden Berechnungsgänge für die Auswertung der Versuchsergebnisse angegeben. Im übrigen vgl. das Normenblatt für spezifisches Gewicht, Raumgewicht und Porosität (DIN 1065), welches vom Beuth-Verlag G. m. b. H., Berlin N 14, zu beziehen ist.

Zur Bestimmung des spezifischen Gewichtes, insbesondere von Silikasteinen, wird vielfach das Volumoskop von Kühn (Abb. 23) angewandt, welches nach dem Barometerprinzip arbeitet. Dieser Apparat dient zur laufenden Kontrolle des Brandes von Silikasteinen auf dem Silikawerk Düsseldorf-Heerdt der Heinrich Koppers-A.-G. in Essen, ferner wird er verwendet von der Versuchsanstalt von Dr. C. Otto & Co. in Dahlhausen, vom Laboratorium der Firma Hiby & Schroer in Berg.-Gladbach und vielen anderen. Die Beurteilung des Volumoskop weicht bei verschiedenen Laboratorien voneinander ab. Viele halten es für gut, einige Laboratorien glauben in dem Apparat Bestimmungsfehler festgestellt zu haben. Immerhin ist der handliche Apparat sehr verbreitet. In diesem Zusammenhang möge noch auf die weiter unten in der Abb. 60 gezeigte Betriebsapparatur zur Bestimmung des spezifischen Gewichtes von Silikasteinen verwiesen werden. Der in der Abb. 23 wiedergegebene Apparat wird von der Firma W. Feddeler, Essen, Wächtlerstr. 39, geliefert. Der

Abb. 23. Volumoskop nach Kühn.

Apparat ist in der „Feuerfest-Ofenbau“ 1929, Nr. 1, S. 5 bereits ausführlich von Kühn selbst beschrieben.

In der letzten Zeit gewinnt das sehr einfach gebaute Volumenometer nach Lux Verbreitung. Der Apparat (Abb. 24) besteht aus dem mit einem eingeschliffenen Deckel versehenen Aufnahmegefäß für den Prüfkörper (im allgemeinen 1 Zylinder von 3,5 cm $\varnothing$ und 3,5 cm Höhe oder von 5 cm $\varnothing$ und 5 cm

Höhe), an welches oben und unten je eine Kapillare nebst Dreiwegehahn angesetzt ist und einer Flasche. Der Deckel des Aufnahmegefäßes wird durch 2 Federn leicht angedrückt. Durch Heben der Niveauflasche kann das Aufnahmegefäß bis zur Marke mit Quecksilber gefüllt werden. Bei der Eichung verfährt man so, daß man durch den unteren Dreiweghahn die Verbindung zwischen Niveauflasche und Aufnahmegefäß herstellt, das letztere bis zur Marke füllt, dann durch Umstellen des Dreiweghahnes das Aufnahmegefäß mit einem tarierten Gläschen verbindet und das Quecksilber durch einen Gummi-

Abb. 24. Volumenometer nach Lux.

schlauch in dieses ablaufen läßt. Um etwa im Hahn gebliebene Quecksilberreste in das Wägegläschen überzuführen, bläst man leicht durch einen am oberen Hahn befestigten Gummischlauch. Durch Wägung und Division durch das spezifische Gewicht des Quecksilbers wird das Volumen des Aufnahmegefäßes ermittelt. In gleicher Weise verfährt man bei der Ermittlung des Raumgewichtes eines Prüfkörpers. Nachdem der Prüfkörper in das Aufnahmegefäß gebracht wurde, wird dasselbe wieder bis zur Marke mit Quecksilber gefüllt, das Quecksilber restlos in das Wägegläschen übergeführt und dieses gewogen. Die Differenz zwischen der ersten und zweiten Wägung, dividiert durch das spezifische Gewicht des Quecksilbers, gibt das Volumen des Prüfkörpers. Der

Deckel des Apparates ist innen mit 3 kleinen Dornvorsprüngen versehen, um zu vermeiden, daß der Prüfkörper durch das Quecksilber zu stark gehoben und gegen die Öffnung des Deckels gedrückt wird, wodurch ein restloses Entweichen der Luft verhindert wird. Der Schliff des Deckels ist nur leicht mit Hahnfett einzureiben. Für die Ausführung der Bestimmung muß folgendes bachtet werden: Falls der Prüfkörper so porös ist, daß das Eindringen von Quecksilber zu befürchten ist, wird er in Wachs getaucht, daß nur eben über den Schmelzpunkt erhitzt wurde. Durch Wägen wird das Gewicht des Prüfkörpers ohne und mit Wachsüberzug festgestellt, aus dem Gewicht des Wachses wird mit Hilfe des gesondert ermittelten spezifischen Gewichtes das Volumen desselben errechnet. Von dem im Apparat bestimmten

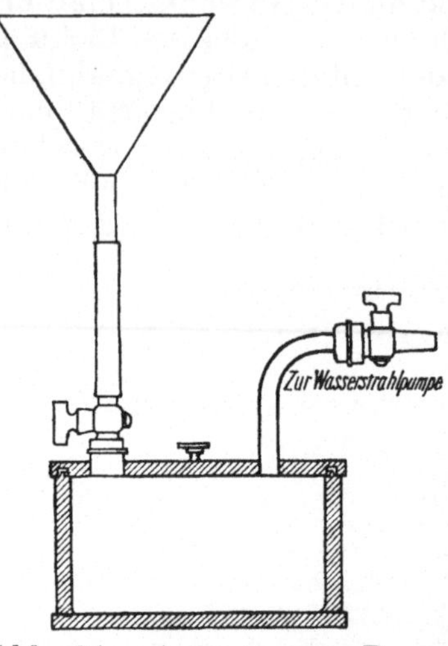

Abb. 25. Apparat zur Bestimmung der Wasseraufnahme im Vakuum nach Lux.

Volumen des mit Wachs überzogenen Prüfkörpers muß selbstverständlich das Volumen des Wachses in Abzug gebracht werden. Das Volumenometer wird von der Firma Ströhlein & Co., G. m. b. H., Düsseldorf 39, Aderstr. 93, in zwei Größen geliefert, die zweckmäßig zusammen auf einem Holzgestell montiert sind, wie dies aus der Abb. 24 hervorgeht. Um ein Verstreuen von Quecksilber bei unvorsichtigem Arbeiten zu verhindern, wird der Apparat in einen flachen Holzkasten gestellt. Alle die erwähnten Quecksilberapparate werden für die genaue Bestimmung des Volumens kleiner Prüfkörper verwandt. Wenn es sich um größere Steinproben von etwa $1/_2$ oder $1/_4$ Normalsteingröße handelt, so sind die bekannten Apparate von Seger und Ludwig, die Wasser als Verdrängungsflüssigkeit verwenden, vorzuziehen.

Zur Bestimmung der Wasseraufnahme im Vakuum (Wasserstrahlpumpe) schlägt Lux einen Apparat nach Abb. 25 vor. Dadurch wird das lästige Auskochen von Steinproben überflüssig. Auch bei der Bestimmung des Raumgewichtes nach der Wasserverdrängungsmethode bewirkt der

Apparat eine Zeitersparnis, da er eine rasche Ausfüllung der Poren mit Wasser gestattet.

10. Gasdurchlässigkeit.

Zur Ermittlung der Gasdurchlässigkeit von Silikasteinen konstruierte Dr.-Ing. H. Bansen einen Apparat, der in der Abb. 26 dargestellt ist. Der Apparat ist im Bericht Nr. 141 des Stahlwerksausschusses des Ver. d. Eisenhüttenleute ausführlich beschrieben, so daß es genügt, auf die Originalveröffentlichungen hinzuweisen. Vgl. auch den Bericht Nr. 149 des Werkstoffausschusses des gleichen Vereins, wo neben der Bansenschen Apparatur eine Übersicht der an verschiedenen Stellen bisher angewandten Verfahren und Ergebnisse gegeben wird. Im Handel ist der Apparat noch nicht erhältlich; es dürfte wohl jedem möglich sein, an Hand der Abb. 26 den Apparat selbst zusammenzustellen. Auf eine Anfrage erwidert Dr.-Ing. H. Bansen, Rheinhausen-Nrh., daß sein Institut die einfache, für die Untersuchung der Gasdurchlässigkeit erforderliche Apparatur auch selbst hergestellt hat, macht jedoch besonders darauf aufmerksam, daß die Verkittung außerordentlich sorgfältig vorgenommen werden muß, da Haarrisse darin sofort eine außerordentliche Erhöhung der Gasdurchlässigkeit ergeben. Eine neuere Methode beschreibt M. R.-V. Widemann in Ceramique Bd. XXII, Nr. 497, auf S. 185 bis 195.

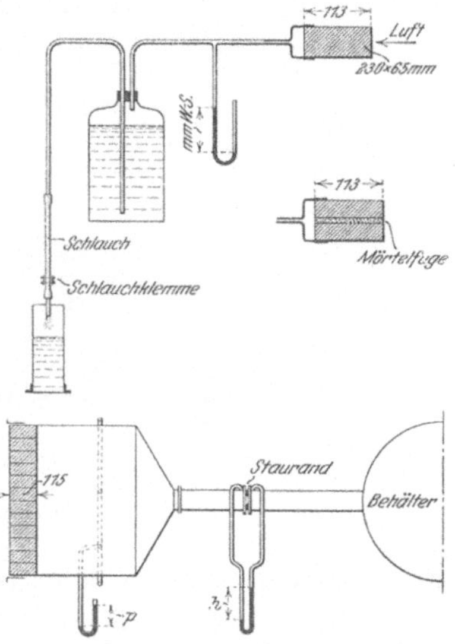

Abb. 26. Apparatur nach Bansen zur Ermittlung der Gasdurchlässigkeit.

Die Firma Scheidhauer & Giessing A.-G., Bonn, bestimmt die Gasdurchlässigkeit mittels eines selbst konstruierten sehr einfachen Apparates, der bis jetzt in der Literatur noch nicht beschrieben wurde.

Im Laboratorium der Firma Hiby & Schroer wird für Gasdurchlässigkeitsprüfungen ein Apparat nach Lud-

wig[1]) angewandt, den das Laboratorium für diese Messungen
selbst gebaut hat.

Hingegen gibt es im Handel fertige Apparate zur Prüfung
auf Gasdurchlässigkeit, die allerdings für Untersuchung von
Formsanden konstruiert sind. Ein solcher, von der Firma
Ströhlein & Co., G. m. b. H., Düsseldorf 39, Aderstr. 93, zu
beziehender Apparat ist in der Abb. 27 gezeigt. Mittels dieses
Apparates wird ein bestimmtes Quantum Luft durch die Probe
gedrückt und dabei die Zeit gemessen. Die Werte für die Gas-

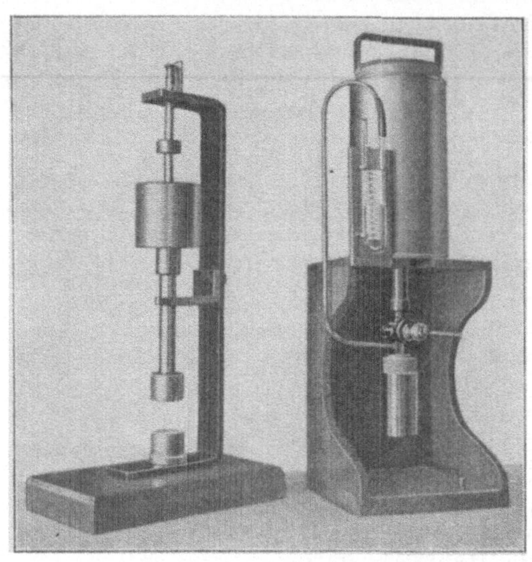

Abb. 27.   Gasdurchlässigkeitsapparat.

durchlässigkeit ergeben sich aus der Zeitdauer des Luftdurch-
tritts oder aus der Skalenablesung eines Manometers, dessen
Druck ebenfalls auf die Gasdurchlässigkeit schließen läßt.
Es wäre dann die Sache der Laboratoriumsleiter, zu untersuchen, ob und inwiefern dieser für andere Zwecke bestimmte
Apparat auch zur Untersuchung feuerfester Steine herangezogen werden kann.

Ein registrierender Gasdurchlässigkeitsprüfer nach
Roll, der ebenfalls in der Hauptsache zur Untersuchung von
Sanden gebraucht wird, eignet sich (unter Mitbenutzung einer

---

[1]) Vgl. die Beschreibung dieses Apparates in Litinsky, „Schamotte und Silika", S. 238. Leipzig 1925. Otto Spamer.

besonderen Manschette) nach Mitteilung des Konstrukteurs und Lieferanten dieses Apparates (Dr. F. Roll, Mannheim, Max-Josef-Str. 22) auch zur Prüfung feuerfester Steine. Dieser Apparat wird von der Firma Ortgies & Co., Schmiedefeld, Kr. Schleusingen hergestellt. Er besteht (vgl. Abb. 28) aus einem Metallbehälter, der oben mit dem Wasserzulaufrohr bzw. mit der Steinmanschette in Verbindung steht. Das Wasser aus dem Wasserrohr (immer konstant durch den Zulauf gehalten) drückt die Luft (1000 cm³) des Behälters durch das Steinrohr (links), indem sich der Stein befindet. Dieses Rohr ist mit Bajonettverschluß luftdicht auf dem großen Metallbehälter befestigt. Zum Messen der Zeit, die die Luft braucht, um durch den Stein zu streichen, ist eine Registriertrommel auf dem Metallbehälter befestigt, die mit einem auf dem Wasser desselben Behälters ruhenden Schwimmer in Verbindung steht. Die Verhältnisse im Apparat sind auf genaue physikalische Konstanten des Druckes, Durchmessers usw. gebracht. Die Wasserzufuhr ist ebenfalls durch Schwimmer geregelt. Je undurchlässiger ein Gegenstand für Gas ist, je mehr Zeit benötigt die Luft zum Durchstreichen; deswegen wird das Diagramm immer schräger liegen. Der patentierte Apparat kann auch mit elektrischer Heizung zur Prüfung in der Wärme geliefert werden.

11. Laboratoriumsöfen.

Es gibt kaum ein Gebiet, das eine solche Mannigfaltigkeit aufweist, wie es bei Laboratoriumsöfen der Fall ist. Es können hier deshalb nur die wichtigsten und bewährtesten Öfen beschrieben werden. Im Laboratorium zur Prüfung feuerfester Erzeugnisse werden die Öfen angewandt zur Durchführung von Probe-

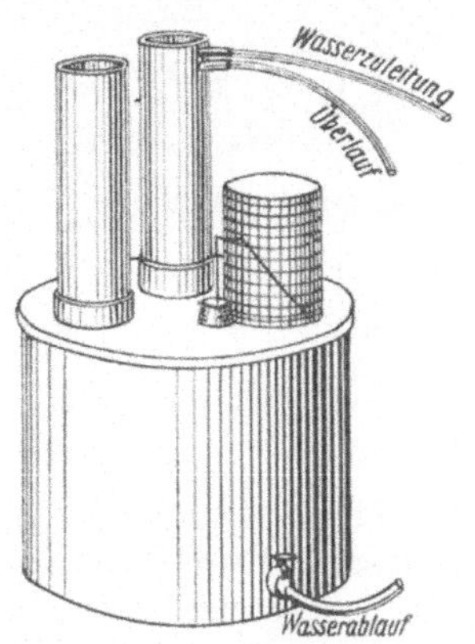

Abb. 28. Gasdurchlässigkeitsprüfer nach Roll.

bränden, zur Ermittlung des Nachschwindens und Nachwachsens, zu Verschlackungsversuchen, zur Beobachtung der Umwandlungserscheinungen und zu vielen anderen Prozessen, wie es zum Teil in verschiedenen Abschnitten dieser Arbeit erwähnt ist.

Das Hauptunterscheidungsmerkmal der Laboratoriumsöfen besteht in der Beheizungsart.

Der Elektroofen zeichnet sich durch manche Vorteile gegenüber dem Gas-, Öl- oder Kohleofen aus. Die Unabhängigkeit von der stets wechselnden Brennstoffbeschaffenheit, die einfache Bedienung, der gefahrlose und saubere Betrieb ohne lästiges Geräusch und ohne Stichflammen, die gleichmäßige Hitze, die reine Ofenatmosphäre, die einfache und gedrängte Bauart, das Fehlen von Kaminen, Gebläsen und sonstigen Nebenanlagen und damit in Verbindung die große Ortsbeweglichkeit — dies alles sind Faktoren, welche dem Elektroofen oft selbst in solchen Fällen den Vorrang sichern, in denen bei abnorm hohen Stromtarifen ein Gas- oder Ölofen scheinbare Vorteile durch billigere Betriebskosten bietet.

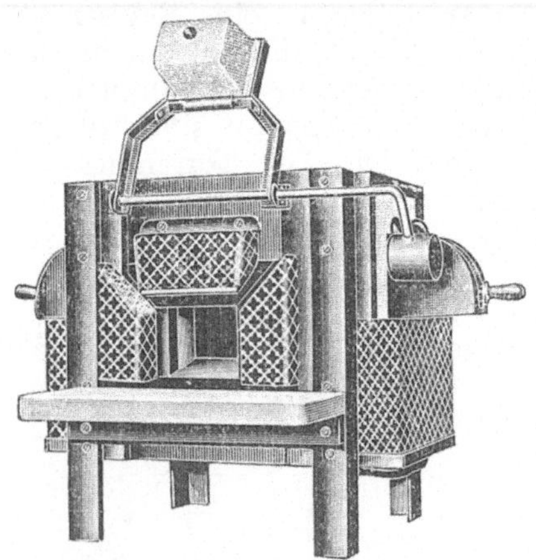

Abb. 29.   Udo-Silitstabofen.

So einfach und selbstverständlich sich nun aber ein gut durchgebildeter Elektroofen präsentiert, so erfordert sein Bau doch ein hohes Maß eingehender Spezialerfahrung und vor allem eine genaue Anpassung an die Eigenart der verwendeten Beheizungsmethode. Ganz besonders gilt das von der Silitstabbeheizung. Dieses Widerstandsmaterial hat bei sachgemäßer Anwendung geradezu ideale Eigenschaften und wird deshalb bei den Udo-Öfen (der Firma Max Uhlendorff, Berlin-Lichtenberg, Herzbergstr. 82—86) vorzugsweise verwendet. Die Silitstäbe eignen sich zur Erzeugung hoher Temperaturen bis 1400°, unter Umständen noch höherer, ebenso vorzüglich wie für mittlere und niedere, ohne der Gefahr des Durchbrennens ausgesetzt zu sein, mit welcher beim Chromnickel- und selbst Platinwiderstand stets zu rechnen ist (vgl. Abb. 29). Die gleichmäßige Temperatur des Ofens kann durch einen automatischen Temperaturregler eingehalten werden, und zwar nach Angaben der Baufirma mit ± 5° C.

Für die Durchführung von Probebränden kann ferner der Elektromuffelofen (DRP. 396573) nach Abb. 30 empfohlen werden. Dieser von der Stettiner Chamottefabrik A.-G.

vorm. Didier, Abt. Centrallaboratorium, Stettin, konstruierte und gelieferte Ofen hat sich seit Jahren gut gewährt und wird nach meiner Kenntnis in mehr als 30 Instituten benützt. Ganz besonders ist dieser Ofen zum Brennen von Quarziten, Untersuchung von Schlacken und für verschiedene keramische Brände geeignet. Der nutzbare Heizraum beträgt 285 × 185 × 110 mm, die Regulierung ist einfach, die Temperaturverteilung gleichmäßig, die erreichten Temperaturen betragen 1700° C. Da die Muffel aus bestem, gut wärmedurchlässigem Karborundummaterial hergestellt ist, wird im Ofen bei geringem Stromverbrauch (12—14 kW pro Stunde bei 1500—1600° C) eine gute Wärmeausnutzung erreicht. Als Heizwiderstand wird Kohlegriß von 3 mm Körnung verwendet, der von Gebr. Siemens & Co., Berlin-Lichtenberg, bezogen werden kann. Der Ofen wurde von K. Endell in der Zeitschrift für angew. Chemie 1922, Nr. 5 beschrieben.

Aus der Reihe der Öfen mit Silitstabbeheizung sind noch die Weha-Spezialöfen zur Untersuchung feuerfester Baustoffe zu nennen, welche die Firma Hugo Hanusch G. m. b. H., Berlin, SW 68, Alte Jakobstr. 18—19, baut. Normalerweise sind die Öfen für Temperaturen von 1450° C vorgesehen. Für höhere Temperaturen (1600° C) kommen Sonderbauarten mit kleiner Muffel in Betracht. Die Silitstäbe sind in tiefe Rillen der Muffelwände eingelassen und strahlen von dort ihre Hitze frei in den Ofenraum aus, ohne Beschädigungen beim Einsetzen des zu prüfenden Werkstoffes ausgesetzt zu sein. Die Heizstäbe sind so angeordnet, daß im Bedarfsfalle eine schnelle und bequeme Auswechslung erfolgen kann. Die Temperaturregelung erfolgt von Hand mittels eines 6—10stufigen Regulierwiderstandes.

Abb. 30. Elektromuffelofen der Stettiner Chamottefabrik, Abt. Laboratorium Stettin.

Für äußerst genaue Temperaturregulierung ist eine automatische Temperaturregelanlage vorgesehen, die aus einem Fühlrelais und einem Fernschalter besteht. Das Fühlrelais steuert den Meßstrom auf rein induktivem Wege. Der Meßstrom durchfließt die Windungen eines Elektromagneten vor dessen Polen sich ein Anker befindet. Dieser ist durch eine Hebelübersetzung mechanisch mit dem in den beheizten Raum eingeführten Fühlorgan verbunden, dessen Längenänderungen unter der Temperatureinwirkung entsprechende Abstände zwischen Anker und Magnetpolen ergeben. Beim Anliegen des Ankers wird der Meßstrom nahezu gedrosselt und wächst mit zunehmendem Luftspalt an. Diese kontaktlose Steuerung bildet einen besonderen Vorzug des Reglers. Der Fernschalter, der nach dem Drehmagnetprinzip gebaut ist, spricht auf die geringsten Stromänderungen an und wird durch den gesteuerten Meßstrom betätigt. Er bewegt eine Quecksilber-Schaltröhre, die den Arbeitsstrom der zu regelnden Anlage bzw. das Stromschütz ein- und ausschaltet.

Für die Ausdehnungsmessungen (vgl. Abschnitt 14) nach dem Komparatorverfahren, bei dem die mit Kennmarken versehenen Versuchskörper erhitzt und die Verschiebungen der Marken mit optischen Instrumenten gemessen werden, baut die gleiche Firma einen Spezialofen nach Abb. 31. Die Muffel hat hier[1]) folgende Abmessungen: Höhe 90 mm, Tiefe 120 mm, Breite 190 mm. Bei den früher für diese Zwecke verwendeten Elektroöfen machte sich insofern ein Übelstand unangenehm bemerkbar, als der zu messende Körper sich nicht von der in gleicher Weise hellglühenden Rückwand des Ofens abhob; dadurch wurden die Messungen sehr erschwert. In dem Ofen nach Abb. 31 sind die Nachteile auf folgende Weise beseitigt: Die Rückwand der Muffel besteht hier aus mehreren rechteckigen, ca. 10 mm starken Täfelchen aus geschmolzenem Quarz oder Karborundummasse (*D*). Hinter dieser Rückwand ist eine besondere Kühlkammer *C* angebracht, die mit den Kanälen *G* und *F* verbunden ist. In den Kanal *F* wird bei vorzunehmender Messung mittels eines kleinen Gebläses kalte Luft eingeblasen, die sich in der Kühlkammer *C* etwas anstaut und die Rückwand *D* so weit abkühlt, daß sich der Prüfkörper scharf von dem Hintergrund abhebt, ohne daß der zu prüfende Körper dadurch eine Abkühlung erfährt. Die Temperaturregelung ist auch bei diesen Öfen sowohl mit dem Regulierwiderstand als auch mit der vorhin erwähnten automatischen Regleranlage möglich.

Eine besondere Verbreitung weisen elektrische Öfen mit Kohlengrießwiderstandsheizung auf. Solche Öfen mit

---

[1]) Wird aber auch in anderen Abmessungen geliefert.

senkrechtem Heizrohr, Bauart Rieke, wie sie von der Chemisch-Technischen Versuchsanstalt bei der Staatlichen Porzellan-Manufaktur Berlin-Charlottenburg, Berliner Str. 9, in die keramische Industrie eingeführt wurden, gestatten die Erreichung von Temperaturen bis 1750° C[1]).

Die Vorteile dieser Öfen sind: einfache Bauart und Betriebsweise, leichte Auswechselbarkeit von abgenutzten Teilen, Vermeidung teurer Metalle und Metallegierungen von hohem Schmelzpunkt, billige, gekörnte Kohle als Heizwiderstand und in weiten Grenzen regelbarer Temperaturanstieg.

Die Öfen werden in drei Ausführungsformen hergestellt, und zwar mit 13,5, 10, 8 und 6,5 cm innerem Durchmesser des Heizrohres.

Die Öfen werden an Hand der Abb. 32 aufgebaut. Als Fundament für den Ofen dienen einige Ziegel- oder Schamottesteine. Die Grundplatten der Öfen müssen auf dieser Unterlage vollkommen aufliegen, damit der Ofen feststeht.

Die Heizmasse wird nach dem Zusammenstellen der Schamotteteile des Ofens gleichmäßig eingefüllt. Feststampfen ist zu vermeiden.

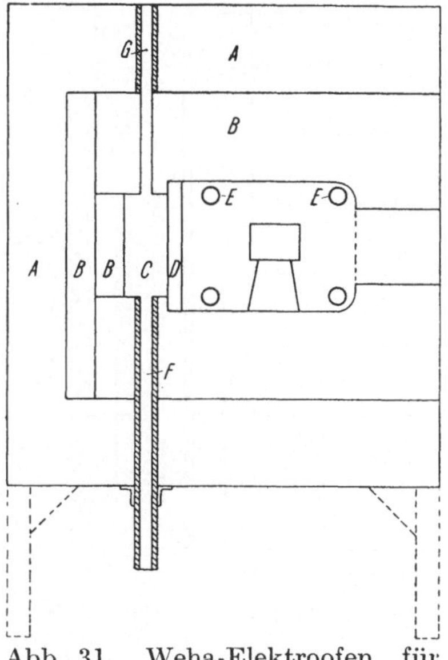

Abb. 31. Weha-Elektroofen für Wärmedehnungsmessungen feuerfester Baustoffe bis 1600° C.

A = Isolierschicht.   B = Schamottefutter, C = Kühlkammer, D = Platte aus Marquardt- oder Schamotte-Masse,   E = Heizstäbe, F = Kaltstromrohr, G = Abzugsrohr.

Gleichmäßige Dicke der Heizschicht in der verengten Heizzone ist wichtig für eine gleichmäßige Temperatur im Ofen. Das innere Heizrohr ist deshalb vor dem Einschütten der Kohle gut zu zentrieren. Die konische Eisenelektrode muß stets vollständig mit Kohlegrieß bedeckt sein. Größere Fugen zwischen den einzelnen Teilen sind mit F-Schamottemasse zu verschmieren.

---

[1]) Die zugehörigen E-Masse, F-Schamotte, ferner die Marquardtsche Masse liefert die Staatl. Porzellanmanufaktur, Berlin NW 87.

Die beste Netzspannung für die Öfen ist 110—120 Volt. Bei diesen Spannungen verwendet man einen Regulierwiderstand, der im Preise am billigsten ist. Bei 220 Volt und noch höherer Netzspannung ist es nicht ratsam, einen Regulierwiderstand anzuschaffen, weil zuviel elektrische Energie im Widerstand vernichtet werden muß. Bei Gleichstrom wird dann besser ein Motorgenerator aufgestellt, und zwar mit einem Regulierwiderstand in der Feldwicklung des Dynamos zur Einstellung der Ofentemperatur. Bei Einphasenwechselstrom oder bei Benutzung von zwei Phasen von Drehstrom wählt man einen Reguliertransformator[1]), der die benötigte niedrige veränderliche Spannung für den Ofen ohne erhebliche Verluste hergibt. Bei Drehstrom ohne einseitige Belastung des Netzes muß ein Motorgenerator aufgestellt werden, dessen Gleichstromdynamo einen Regulierwiderstand in der Feldwicklung besitzt.

Auch das Tonindustrie-Laboratorium, Berlin, baut Kohlengrießwiderstandsöfen. Solche Öfen sind bereits in: Litinsky, Schamotte und Silika, S. 198 bis 202, ausführlich beschrieben.

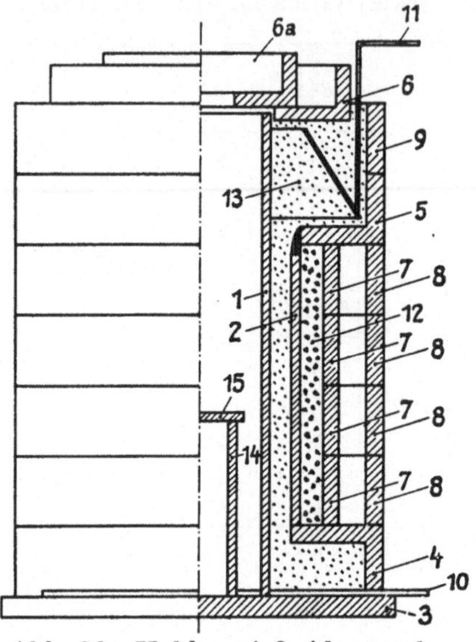

Abb. 32. Kohlengrießwiderstandsofen der Staatl. Porzellanmanufaktur (mit 13,5 cm innerem Durchmesser), Maßstab 1 : 10.

1 und 2 = Rohre aus hochfeuerfester E-Masse, 3 = Schamotteplatte, 4, 5, 6 und 6a = Schamottekapseln, 7, 8 und 9 = Schamotteringe, 10 und 11 = Elektroden, 12 = Schamottekörner, 13 = Kohlegrieß (Heizmasse), 14 und 15 = Brennuntersätze.

Erwähnenswert sind Öfen mit Kryptolheizung, die sich als Muffel-, Röhren-, Tiegelöfen und dergleichen einrichten lassen. Die Abb. 32a zeigt einen solchen kryptolbeheizten Muffelofen mit untergebautem Regulierwiderstand DRP. für

---

[1]) Der Transformator stellt den kostspieligsten Teil eines Laboratoriumsofens dar. Transformatorenfirmen sind unter anderem: Allgemeine Elektrizitätsgesellschaft, Berlin NW 40, Siemens-Schuckert-Werke A.-G., Berlin-Siemensstadt, Koch & Sterzel A.-G., Dresden-A. 24 usw.

Temperaturen bis etwa 1650° C. Die Heizrohre sind leicht auswechselbar; die Öfen können mit üblichen Spannungen betrieben werden. Diese Öfen werden von der Firma H. Seibert, Berlin N 20, Wollankstr. 64, hergestellt. In den kryptolbeheiz-

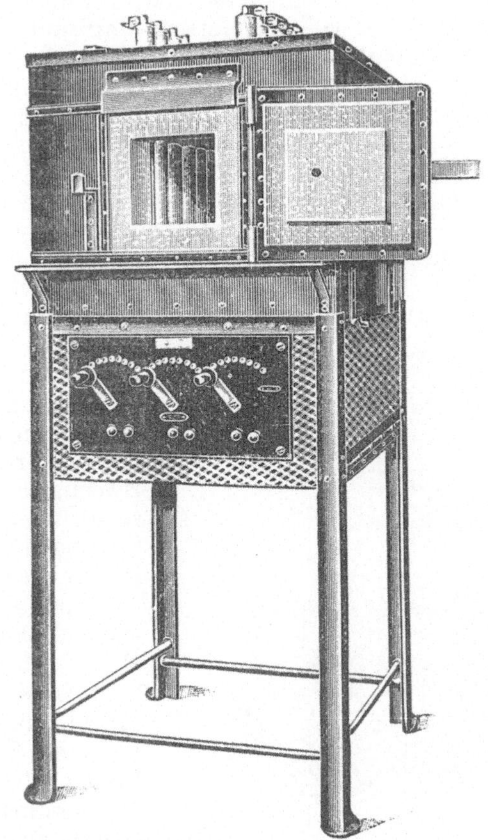

Abb. 32a. Muffelofen mit Kryptolbeheizung.

ten Tiegel- und Röhrenöfen der gleichen Firma erreicht man Temperaturen bis 1800, bei Verwendung von Zirkon- oder Korundmaterial solche von 2000° C. Öfen mit Silitstabbeheizung, sowie solche mit Heizstäben aus Siliziumkarbid (für 1100 bzw. 1300° C) gehören ebenfalls zum Arbeitsbereich der Firma.

In elektrischen Öfen mit Platin als Heizwiderstand lassen sich Temperaturen bis 1300° mühelos erzielen. Während das

Platin einerseits den Vorteil für sich hat, daß es keinerlei Schutzmaßnahmen gegen Oxydation bedarf, so haftet ihm andererseits der Nachteil an, daß es bei der Erreichung der genannten Temperatur schon etwas verdampft, was natürlich die Haltbarkeit beeinträchtigt, da bei dem hohen Platinpreis die Stärke des Heizwiderstandes an und für sich schon so gering wie möglich gewählt wird.

Nach der Vervollkommnung der Herstellungsmethoden für Drähte aus Molybdän und Wolfram setzte deshalb das Bestreben ein, beide Metalle mit ihren hohen Schmelzpunkten auch für Heizzwecke verwendbar zu machen. Da diese Metalle aber gegenüber dem Platin die unangenehme Eigenschaft haben, an der Luft in glühendem Zustande zu verbrennen, so galt es zunächst, diese Oxydation mit Sicherheit zu verhindern. Es war zu diesem Zweck notwendig, um die Heizspirale herum eine Schutzatmosphäre zu schaffen, die keinen freien Sauerstoff enthält. Einzelne Gase, z. B. Wasserstoff oder Gasgemenge, wie Wassergas, erfüllen diesen Zweck, doch ist die Beschaffung und die Handhabung dieser Gase nicht immer ganz einfach.

Nach vielen Versuchen ist es der Firma W. C. Heraeus G. m. b. H. in Hanau nun gelungen, im Methylalkohol eine Flüssigkeit zu finden, die, in Dampf übergeführt, eine Oxydation in ausgezeichneter Weise verhindert. Der Molybdänofen ist in der Abb. 33 gezeigt. Die Technische Hochschule Karlsruhe verwendet ihn zum Brennen keramischer Massen und erreicht Temperaturen von 1410° C in $1\frac{1}{4}$—2 Stunden.

Abb. 33. Horizontal-Röhrenofen mit Molybdän als Heizwiderstand und Vorrichtung zur Verhinderung der Oxydation.

Muffel- und Tiegelöfen mit verschiedenen Beheizungsmöglichkeiten (Gas, Koks, Kohle, Petroleum) erhält man bei der Deutschen Gold- und Silberscheideanstalt in

Frankfurt a. M. Es handelt sich hier um die bekannten Laboratoriumsöfen für keramische Probebrände.

Zu den häufiger angewandten Ofenbauarten gehört ferner der Schmelzofen von Dr. Schmitz & Co., G. m. b. H., Barmen. Die Beheizung des Ofens erfolgt durch einen Niederdruckluft-Ölbrenner oder Niederdruckluft-Gasbrenner, der jeweils tangential an dem Ofen angeordnet ist, so daß die Flamme eine kreisende Bewegung erhält und den Tiegel vollständig gleichmäßig umspült und erwärmt, so daß bei durchaus einwandfreiem Betrieb geringster Brennstoffverbrauch gewährleistet ist.

Es ist seit langer Zeit bekannt, die Verbrennungstemperatur durch die sogenannte Oberflächenverbrennung zu steigern, wobei das richtig zusammengesetzte Gasluftgemisch mit hoher Geschwindigkeit auf ein feuerfestes Material aufprallt und diese Masse zum Glühen bringt. Die Flamme verschwindet dabei vollständig und man erreicht eine Konzentrierung der entwickelten Wärme, so daß auf gegebenem Raum eine viel größere Gasmenge als bei dem gewöhnlichen Brenner verbrannt werden kann. Die Erfahrung hat gezeigt, daß diese sogenannte flammenlose Verbrennung auf die verschiedenste Weise bewirkt werden kann, einerlei ob man das Gasluftgemisch auf ein Bett von feuerfester Masse (Katalysator) ausströmen läßt oder durch einen Brennkanal aus feuerfestem Material leitet oder gegen rauhe Flächen aus ebensolchem Material richtet, ob die Brenner tangential gegen das Gewölbe des Ofens gerichtet werden oder ob man sie auf andere Wandflächen des Ofenraumes ausströmen läßt. Das Prinzip der flammenlosen Oberflächenverbrennung wird auch in den von der Firma Benno Schilde, Hersfeld H.-N., gebauten Versuchsöfen angewandt, über die man in der letzten Zeit aus verschiedenen Laboratorien und Prüfanstalten gute Urteile hört. Die äußere Form des Universallaboratoriumsofens ist aus der Abb. 34 ersichtlich. Die Konstruktion beruht auf den Patenten der Surface Combustion Co., New York, die Bauweise ist jedoch entsprechend vielseitigen Erfahrungen in der letzten Zeit umgearbeitet. Der Ofen ist mit einem Tangentialbrenner für Gas ausgerüstet; die Mischer erzeugen ein homogenes Gas-Luftgemisch, das in den Brennern ohne Luftüberschuß vollkommen verbrannt wird. Ein kräftiger Fuß trägt zwischen einer hoch und niedrig zu stellenden Gabel den Ofen, der durch einen Handgriff um 90° gedreht werden kann. Je nach der senkrechten oder waagerechten Stellung des

Ofens und der entsprechenden Verwendung der aus der Abb. 34 ersichtlichen Zusatzteile läßt sich der Ofen für mannigfaltige Verwendungsabsichten einrichten. Nach Auskunft des Forschungsinstituts des Didier-Konzerns in Stettin hat sich dieser dort als Tiegelofen benutzte Versuchsofen in regelmäßigem Gebrauch gut bewährt, besonders nachdem der Ofen dort mit der Didier-Spezial-Ausstampfmasse „Demantit" aus-

Abb. 34. Universal-Laboratoriumsofen von Benno Schilde, Hersfeld H.-N., mit Zusatzteilen.

gemauert war. Die verwendeten Temperaturen bewegen sich zwischen 500 und 1600° C.

Ein weiterer, sogenannter Hochtemperaturofen der gleichen Firma, wie in der Abb. 35 gezeigt ist, bewährte sich in einer Reihe von bekannten Prüfinstituten für feuerfeste Erzeugnisse, so darunter bei den Firmen Dr. C. Otto & Co. in Dahlhausen, bei den Vereinigten Chamottefabriken vorm. C. Kulmiz G. m. b. H. in Saarau, im Institut für Gesteinshüttenkunde der Technischen Hochschule Aachen und im Forschungsinstitut des Didier-Konzerns in Stettin. Der

Ofen ist mit Schilde-Mischern und -Brennern des Hoch- oder Niederdrucksystems ausgerüstet, deren Vorteil in der selbsttätigen Gemischbildung, der flammenlosen Oberflächenverbrennung und bequemen Einventilbedienung zwecks Tem-

Abb. 35. Hochtemperatur-Plattenofen von Benno Schilde, Hersfeld H.-N., mit flammenloser Oberflächenverbrennung von Gasen, selbsttätigen Gas-Luftgemischreglern und Einventilbedienung.

peraturregelung liegt. Ohne Luftvorwärmung kann man in diesem Ofen etwa in 3 Stunden (nach anderer Auskunft auch schon in 2 Stunden) eine Temperatur von 1600° C erreichen; die gewünschten Temperaturen können längere Zeit konstant gehalten werden. Werden die Abgase zur Vorwärmung der Verbrennungsluft benutzt, so kann man in diesem Ofen entsprechend dem Bericht des Forschungsinstituts des Didier-

Konzerns auch Temperaturen bis zu 1800° C erzielen. Allerdings mußte der Ofen für die Verwendung in diesem Temperaturbereich mit den von der Stettiner Chamottefabrik A.-G., Berlin-Wilmersdorf, fabrizierten Spezialsteinen „Demantit" ausgemauert werden. Der Gasverbrauch beträgt 20—30 m³/Std., die Verbrennung erfolgt flammenlos. Im Brennraum können 12—13 Normalsteine Platz finden. Der Ofen ist geeignet für verschiedenste Zwecke, darunter auch für Ausführung von Abschreckversuchen.

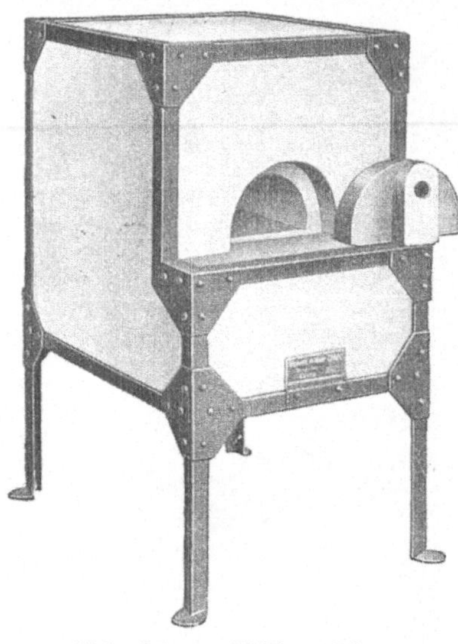

Abb. 35a. „Effix"-Ofen.

Zu den Öfen mit flammenloser Oberflächenverbrennung gehören auch die „Effix"-Öfen (Abb. 35a), die von der Firma Westdeutscher Industrie-Ofenbau m. b. H., Bonn, Bahnhofstraße 42, hergestellt werden. Es handelt sich bei diesen Öfen um die Auswertung eines Patentes der Firma Robert Müller, Essen. Für den Laboratoriumsbetrieb interessieren besonders die sehr sparsam arbeitenden Gasmuffelöfen, Tiegelöfen und Rohröfen, die bei normalem Gasdruck mit einem gewöhnlichen Bunsenbrenner etwa 1200° glatt und dauernd erreichen lassen, bei völlig gleichmäßiger Temperaturverteilung. Die Anordnung bewirkt, daß der Flammkegel sich oberhalb einer bestimmten Temperatur selbsttätig loslöst und die ganze Muffel von da ab geschlossen in einen Flammenmantel einhüllt.

Die kleinste Muffeltype weist einen Innenraum von 210 × 105 × 65 mm auf.

Weitere Typen haben folgende Maße:

Type II   295 × 170 × 70 mm
„   IV 220 × 160 × 110 „
„   V 250 × 200 × 120 „
„   VI 450 × 250 × 200 „
„   VII 600 × 400 × 300 „ usw.

Mit Druckluft können in diesen Öfen Temperaturen von 1500° erreicht werden, die für die meisten Versuchszwecke ausreichen dürften. Weiteres über diese Öfen siehe „Chemische-Fabrik" 1928, Heft Nr. 34, S. 504; Bergbau 1929, Heft Nr. 35, S. 1.

Auf dem Prinzip der flammenlosen Oberflächenverbrennung beruhen auch die Steinstrahlöfen von Krupp. Zum Betrieb der Steinstrahlöfen kann außer Leuchtgas und Koksofengas auch gereinigtes Generatorgas oder Hochofengas benutzt werden. Für Leuchtgas wird bei Temperaturen bis 1000° Druckluft von 700—1000 mm W.-S. zum Ansaugen des Gases benutzt, für höhere Temperaturen kann der Luftdruck auf 1500 mm W.-S. gesteigert werden. Bei Verwendung armer Gase, wie Generatorgas und Hochofengas, wird zur Erzielung hoher Temperaturen auch das Gas durch ein kleines Gebläse auf den erforderlichen Druck gebracht. In Steinstrahlöfen lassen sich Temperaturen bis über 1800° C einwandfrei erzielen. Solche Öfen sind von der Firma „Indugas" in Essen, Herwartstr. 16, zu beziehen. Im Laboratorium des Vereins zur Überwachung der Kraftwirtschaft der Ruhrzechen in Essen (neuer Name für den Dampfkesselüberwachungsverein) wird dieser Ofen (Abb. 36) zur Prüfung der Steine auf Raumbeständigkeit und für die Ermittlung der Wärmeausdehnung angewandt.

Eine Verbesserung des Steinstrahlofens stellt der von der Firma Essener Industrieofen- und Apparatebau, Essen-Altenessen, hergestellte Ofen dar; der Ofen wird mit einem „Steinbrenner", wie ihn die Lieferantin bezeichnet, beheizt und ist für Gasheizung eingerichtet. Dieser Ofen hat den Vorzug einer guten Regulierfähigkeit und Konstanthaltung der Temperatur, selbst von 200° C an. In Gegensatz zu anderen Öfen kann man hier die Temperatur auch im Interwall von 0—700° C langsam steigern. Deshalb ist der Ofen besonders in den Fällen geeignet, in welchen die Proben einem schroffen Temperaturanstieg nicht ausgesetzt werden sollen. Der Ofen gestattet gleichfalls das Erreichen höchster Temperaturen bis über 1800° und ist, da die Mischung von Gas und Luft erst im Brennen selbst erfolgt, explosionssicher. Der Steinbrenner ist in der Abb. 37 im Schnitt gezeigt. In diesem Brenner werden Gas und Luft getrennt an den Verbrennungsort gebracht, und zwar wird das Gas durch die unter geringem Druck zugeführte Luft angesaugt. Durch entgegengesetzt laufende Drallwege, die Gas und Luft vorher zurücklegen müssen, ist eine gründliche Mischung von Gas und Luft und damit eine restlose Verbrennung des Gases

gegeben. Die Mischung von Gas und Luft erfolgt erst innerhalb des Strahlsteins, und zwar in besonderen, in der Abbildung deutlich erkennbaren Verbrennungskanälen, in die
Gas und Luft konzentrisch eingeführt werden. Der Stein
wird dabei hoch erhitzt, die Flammen ziehen sich mit zunehmender Erwärmung in die Verbrennungskanäle zurück

Abb. 36. Steinstrahlofen.

und das Gas verbrennt „flammenlos". Die Wärmeübertragung
erfolgt dann vorzugsweise durch die Abstrahlung des Steines.
Normale Gasdruckschwankungen haben infolge der Saug-
wirkung der Luftdüsen keinen Einfluß auf die gleichmäßige
Verbrennung. Durch entsprechende Mischung von Gas und
Luft lassen sich neutrale, oxydierende oder reduzierende
Atmosphären in den Ofenräumen erreichen, wodurch der
Brenner für alle in der Industrie vorkommenden Zwecke zu
gebrauchen ist, zumal er noch für alle Gase, ohne Rücksicht
auf deren Beschaffenheit, also selbst für Braunkohlengas,

Verwendung finden kann. Das Einstellen auf verschiedene Leistungen erfolgt bei ihm durch entsprechende Drosselung des Luft- und Gashahnes. Ein solcher Ofen befindet sich bereits im Forschungs-Institut der Vereinigten Stahlwerke Dortmund im Betriebe und hat sich dort gut bewährt; einige andere maßgebende Forschungsinstitute der Feuerfest-Industrie haben ebenfalls in Aussicht genommen, wie es aus deren Mitteilungen hervorgeht, solche Öfen anzuschaffen[1]).

Was schließlich das für Laboratoriumsöfen und damit verbundenen Versuche benötigte **Kleinschamottematerial** betrifft, so kann dasselbe von der **Stettiner Chamottefabrik A.-G., vorm. Didier, Werk Stettin,** bezogen werden. Des Näheren unterrichtet die von genanntem Werk herausgegebene Preisliste der in der

---

[1]) Weiteres über Laboratoriumsöfen siehe: 1. W. Cohn. Über die Durchführung von Untersuchungen im Gebiete hoher Temperaturen. I. und II. Metallwirtschaft, Heft 16 und 25/26 vom April und Juni 1929. Ausführliche Literaturangaben.) 2. F. Kanhäuser. Über hohe Temperaturen und hitzebeständige Werkstoffe in der Wissenschaft und Praxis. 4. Sonderheft 1926 der Keramischen Fachgruppe im Deutschen Hauptverbande der Industrie in Aussig.

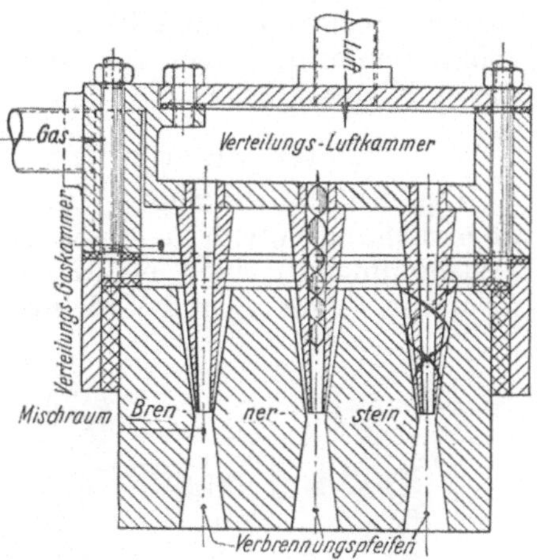

Abb. 37. „Steinbrenner“ des Ofens der Firma „Essener Industrieofen und Apparatebau“.

Abb. 38. Ansicht des mit dem Steinbrenner nach Abb. 37 beheizten Ofens.

Schamottegießerei und Kleinformerei hergestellten Schamotterohre, -muffeln, -tiegel usw. über Abmessungen, Form usw. dieses Kleinmaterials.

12. Kegelschmelzpunktbestimmung.

Das vorhin erwähnte Laboratorium des Dampfkesselüberwachungsvereins in Essen verwendet für Schmelzpunktbestimmungen[1]) einen elektrischen Schmelzofen mit Transformator, Regulier- und Meßeinrichtungen etwa nach Abb. 39.

Abb. 39.　Tammanscher Kohlerohrofen.

Der Ofen wird geliefert vom Elektro-Schalt-Werk A.-G., Göttingen (Zweigbüro in Berlin SW 68, Ritterstr. 48). Das zuerst von Nernst und Tamman angegebene Prinzip der Einrichtung besteht im wesentlichen im folgenden: Durch ein an den Enden mit Stromzuführungen versehenes Kohlerohr wird ein elektrischer Strom von solcher Stärke geschickt, daß das Rohr durch die entwickelte Joulesche Wärme auf die gewünschte Temperatur kommt. In das Rohr wird der das Schmelzgut enthaltende Tiegel eingeführt. Zum Erhitzen des Kohlerohres sind Stromstärken von einigen 100 bis mehreren 1000 Amp. bei geringer Spannung (5—20 Volt)

---

[1]) Der Ofen ist natürlich auch für andere Zwecke verwendbar; er wird in verschiedenen Größen hergestellt.

erforderlich. Da diese Energie nur selten in Form von Gleichstrom niedriger Spannung zur Verfügung steht, wird das Kohlerohr an die Sekundärseite eines Wechselstromtransformators angeschlossen, der bei niedriger Spannung große Stromstärken liefert. Hat man also keinen Anschluß an ein Wechselstromnetz, so muß der vorhandene Gleichstrom durch einen Einankerumformer oder durch einen Motorgenerator in Wechselstrom umgeformt werden. Die im Ofen erreichbaren Temperaturen bewegen sich je nach der Größe des Transformators und dem Ausmaß des verwendeten Kohlerohres (4 Typen) von 2000—3000° C. Eine Temperatur von 1500° C kann schon nach rund 10 Minuten erreicht werden. Die gewünschte Temperatur kann in der bequemsten Weise reguliert und konstant gehalten werden. Während der Ofen in Betrieb ist, kann man das Erhitzungsgut dauernd beobachten, ohne daß man von Hitze und Gasen belästigt wird. Daher kann man auch leicht den Zeitpunkt feststellen, wann der Versuch beendet ist. Der eigentliche Ofen ist um eine horizontale Achse drehbar und kann in jeder Lage durch Anziehen der Handräder festgehalten werden, was für manche Laboratoriumsversuche sehr wertvoll ist. Ebenso kann der Schmelzofen leicht von den Lagerböcken heruntergenommen werden, so daß man gleich einen zweiten Ofen anheizen und in Betrieb nehmen kann, während der erste Tiegel mit Inhalt allmählich abkühlt. Es ist zu beachten, daß nach den deutschen Normen, wenigstens in der heute gültigen[1]) Fassung (DIN 1063), für Schiedsanalysen ein Kohlengrießwiderstandsofen vorgesehen ist.

Das Centrallaboratorium des Didier-Konzerns in Stettin nimmt Kegelschmelzpunktbestimmungen in einem elektrischen Ofen eigenen Systems (110 Volt) vor. Als elektrische Widerstandsmasse findet hier gekörnter Kohlengrieß von 2—3 mm Korngröße Anwendung. Der Ofen zeichnet sich, abgesehen von bequemem Arbeiten, gleichmäßiger Temperaturverteilung usw. besonders durch gute Qualität des hierfür verwandten feuerfesten Materials aus; er wird von der Stettiner Chamottefabrik A.-G. vorm. Didier, Abt. Centrallaboratorium, Stettin, geliefert. Die zum Ofen gehörende elektrische Apparatur (Regulierwiderstand, Kabel usw.) bezieht man zweckmäßigerweise von Siemens & Schuckert A.-G., Büro Stettin.

[1]) Vgl. hierzu Litinsky, Zum Streit über die Umbenennung der Segerkegel. Feuerfest II (1926) Heft 2, S. 17—18.

Die Westböhmischen Kaolin- und Schamottewerke bedienen sich für diesen Zweck eines Brabbee-Kryptolofens (CSR.-Patent Nr. 13128). Auskunft hierüber erteilt die Generaldirektion der Firma in Prag II u. Pujčovny 9.

13. Druckerweichung in der Hitze.

Zu den verbreitetsten Apparaten dieser Art gehört die Atom-Hebelpresse (auch Endellsche oder Stegersche Presse genannt), die von der Atom G. m. b. H., Berlin-Steglitz,

Abb. 40. Atom-Hebelpresse.

Breite Str. 3, geliefert wird (vgl. Abb. 40). Die Gesamteinrichtung besteht aus einem elektrischen Kohlegrießwiderstandsofen *1* und der Belastungsvorrichtung. Der elektrische Ofen besitzt ein senkrecht stehendes Heizrohr von 10 cm Durchmesser. In das Heizrohr ragt von unten ein Druckstempel von 30 cm Länge und 6 cm Durchmesser aus Kohle hinein; auf diesen Stempel wird der zu prüfende Körper aus feuerfester Masse, meist ein Zylinder von 5 cm Durchmesser und 5 cm Höhe, gestellt. Schließlich wird auf den Probekörper durch einen zweiten Kohlestempel *2* von 48 cm Länge und 6 cm Durchmesser der Druck der Belastungsvorrichtung übertragen.

Die Bewegung des oberen Kohlestempels *2* und damit des Hebels *3* wird während des Druckversuches durch eine Hebelübersetzung *10* auf die Schreibtrommel *11* in zehnfacher Vergrößerung übertragen.

Für die Messung der Temperatur des Probekörpers ist der obere Druckstempel *2* in der Achse mit einer Durchbohrung von 2 cm Durchmesser versehen. Durch diese Bohrung kann man die Mitte der oberen Fläche des Versuchskörpers durch ein optisches Pyrometer anvisieren. Zweckmäßigerweise wird über dem Ofen am linken Ende der Stange *12* ein totalreflektierendes Prisma angebracht, das den von unten kommenden Lichtstrahl in die waagerechte Richtung abbiegt, so daß das

Abb. 41. Kohlengrießwiderstandsofen zur Bestimmung des Erweichungsverhaltens, Bauart Didier - Stettin.

Pyrometer neben dem Ofen und genügend vor strahlender Wärme geschützt aufgestellt werden kann.

Dazu dient der zweischenklige Hebel *3*, der im Punkt *4* seinen Drehpunkt hat. An dem linken Ende dieses Hebels hängt an zwei Achsen *5* der Teller *6*, der auf den oberen Druckstempel *2* drückt. Die Größe der Belastung des Probekörpers kann zwischen 0 und 40 kg in Stufen von je 5 kg verändert werden. Diesem Zwecke dient das Laufgewicht *7*, das mittels der Handräder *8* auf dem Hebel *3* entlang gerollt wird und an acht verschiedenen Stellen des Hebels *3* festgestellt werden kann. Befindet sich das Laufgewicht am Ende des Hebels *3*, so ist der Probekörper unbelastet. Der Hebel *3* besitzt eineTeilung, an der die auf den Probekörper wirkende Last in Kilogramm abgelesen werden kann. Durch Division der belasteten Flächen des Probekörpers in die am Hebel *3* eingestellten Kilogramm er-

hält man die spez. Belastung in kg/cm². Durch die Handgriffe *9*
kann der Teller *6* vom Druckstempel *2* abgehoben werden.
    Im übrigen sei auf die einschlägige Literatur, sowie auf die
Prospekte der Atom-Gesellschaft verwiesen.

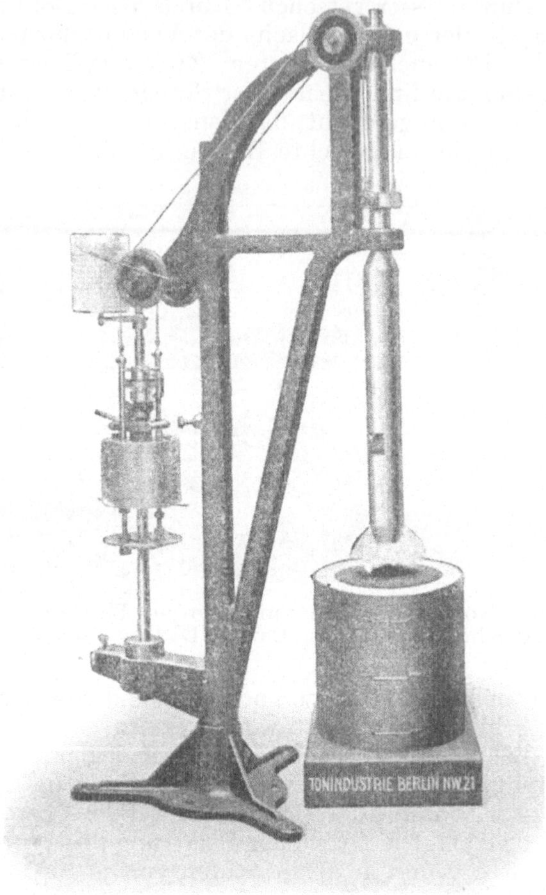

Abb. 42. Druckerweichungsmaschine des Tonindustrie-Laboratoriums.

    Das Centrallaboratorium des Didier-Konzerns in Stettin
bringt den daselbst angewandten elektrischen Kohlengrießwiderstandsofen für Erweichungsproben (Abb. 41) in Handel,
der sowohl mit Gleich- wie auch mit Wechselstrom bei 110 Volt
betrieben werden kann. Anfragen bezüglich dieses Ofens sind

an die **Stettiner Chamottefabrik A.-G., Abt. Centrallaboratorium, Stettin, zu richten.**

Die **Druckerweichungsprüfmaschine** des Chemischen Laboratoriums für Tonindustrie (Berlin NW 21, Dreysestraße 4) ist im allgemeinen durch ihre Verbreitung und mannigfache Beschreibungen in verschiedenen Veröffentlichungen so bekannt, daß an dieser Stelle ein Hinweis auf die Darstellung dieser Maschine (mit einem Heizschacht von 120 mm ⌀) in der Abb. 42 genügt. Neu ist in der Maschine die zur größeren Genauigkeit der Anzeige des Umkehrpunktes

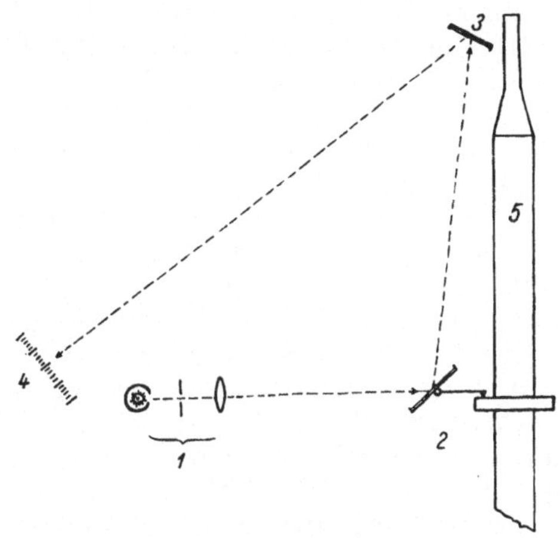

Abb. 43. Optische Anzeigenvorrichtung zu der Maschine Abb. 42.

getroffene optische Anzeigenvorrichtung, die auf Grund der Abb. 43 erläutert werden soll.

Die beim Druckerweichungsversuch entstehenden Kurven enthalten einen aufsteigenden Teil, der teils durch thermische Ausdehnung, teils durch molekulare Umlagerungen im Prüfkörper hervorgerufen wird. Als Anfang der Erweichung bzw. als Temperatur für den Erweichungsbeginn gilt die Stelle der Kurve, wo diese von der horizontalen Tangente nach unten abbiegt. Die genaue Kenntnis dieses Umkehrpunktes der Kurve ist für die ganze Prüfung, deren Kontrollmöglichkeit und überhaupt für die Beurteilung des Erweichungsverhaltens eines Stoffes von großer Bedeutung. Diesem Zweck dient die in der Abb. 43 gezeigte optische Anzeigevorrichtung. Der Belastungsstempel 5 bewegt einen beweglichen Spiegel 2, der von einer Lichtquelle 1 beleuchtet wird.

Der vom anderen Spiegel *3* zurückgeworfene Lichtstrahl zeigt dann an der Skala *4* den Eintritt der kleinsten Längenänderungen aufs genaueste an. Durch die gleichzeitige Verwendung von zwei Spiegeln vermeidet man einmal lange Strecken für den Strahlengang und erhöht außerdem die Empfindlichkeit des Systems. Die Temperaturmessung, sowie überhaupt der gesamte Gang der Prüfung ist nunmehr in dem bereits verabschiedeten DIN-Entwurf 1064 festgelegt. In der Bewertung der Ergebnisse ist nach Hartmann (Ber. des Werkstoffausschusses Nr. 148) nur insofern eine Änderung eingetreten, als man erkannt hat, daß der Erweichungsbeginn für einen feuerfesten Stoff nicht festliegt, sondern vom Brand und dem Grad der fortschreitenden Versinterung abhängt.

Eine von den üblichen Methoden zum Teil abweichende Einrichtung zur Erweichungsprüfung feuerfester Stoffe, welche in der Silikatabteilung des Instituts der Eisenhüttenkunde an der Technischen Hochschule Aachen angewandt wird, beschreibt Salmang im Sprechsaal 1927.

Die benutzte Apparatur (Abb. 44) sollte folgende Zwecke erfüllen: Der Druck sollte genau senkrecht ausgeübt werden und zugleich auch in einer während des Versuchs gleichbleibenden Stärke. Um das erste Ziel zu erreichen, wurde der Druck durch einen mit Gewichten belasteten und an 2 genau senkrecht stehenden Stäben geführten Schlitten ausgeübt, zur Erreichung des zweiten Zieles wurde der Schlitten nicht mit Gegengewichten ausbalanciert, sondern frei zwischen die Führungsstangen gestellt. So wurden Lagerdrücke vermieden und die Reibung möglichst eingeschränkt. Der Schlitten ist durch ein Kugelgelenk mit der Meßvorrichtung verbunden.

Der Schlitten (*1*) besteht aus 2 Platten, die durch ein Rohr miteinander verbunden sind. Er wird an den beiden Stangen (*2*) geführt, (*3*) sind die belastenden Gewichte. Die Stangen (*2*) haben oben viele Löcher, durch die 2 Stifte (*4*) gesteckt werden können, um das Absinken des Schlittens bei der Erweichung nach Wunsch zu beenden. Der durch ein Kugelgelenk mit der oberen Platte des Schlittens verbundene Duraluminiumdraht (*5*) überträgt jede Bewegung des Schlittens auf einen ungleicharmigen Hebel (*6*), der durch ein Gegengewicht genau ausgewogen ist. An seinem längeren Ende schreibt er die Bewegung auf die Trommel (*7*) auf. Der Schlitten drückt unmittelbar auf den Kohlestempel (*8*), dieser wirkt auf den Prüfkörper im Ofen (*9*). Soll die Temperatur durch den hohlen Druckstempel gemessen werden, so wird auf das die Achse des Schlittens bildende Rohr das Prisma (*10*) aufgesetzt. Meist wurde allerdings die Messung von schräg oben benutzt.

Durch Wahl des Angriffspunktes des Drähtchens (*5*) am Schreibhebel (*6*) kann die Übertragung nach Belieben eingestellt werden. Eine etwa 13fache Übertragung erwies sich als zweckmäßig, da sonst nur ein Teil der Erweichungskurven auf das Blatt der Schreibtrommel kam. Das Gestell kann so leicht gehalten werden, wie nur möglich, da es außer seinem eigenen Gewicht nur die Belastungsvorrichtung zu tragen hat.

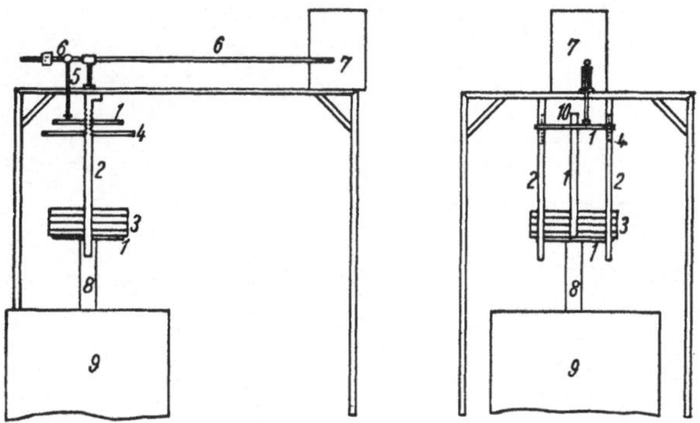

Abb. 44. Druckerweichungsprüfer nach Salmang.

Es wiegt mit Gewichten etwa 70 kg. Wichtig für den Betrieb ist die senkrechte Stellung der Stangen (*2*) und etwa 0,5 mm Zwischenraum zwischen ihnen und den beiden Platten des Schlittens. Man kann dann jedes Gramm der Belastung auf den Prüfkörper übertragen. Nachstellung der Stangen ist kaum nötig, die senkrechte Stellung wird vor jedem Versuch durch das an jeder Stange angebrachte Senkblei kontrolliert.

Der Apparat befindet sich im Gebrauch im Institut für Gesteinshüttenkunde der Technischen Hochschule Aachen, bei der Staatsmijne in Limburg, Grube Emma, Heerlen, Holland, und im Laboratorium von Stoecker & Kunz, Köln-Mülheim. Lieferfirma ist Ferdinand Bachmann, Aachen, Friesenstr. 10.

Schließlich möge noch auf die Amslersche 6-t-Presse (Abb. 44a) für Erweichungsversuche in der Hitze hingewiesen

werden, welche auf Veranlassung eines bekannten Kaolin-
und Schamottewerkes konstruiert worden ist. Der zylindrische Probekörper wird zwischen zwei Kohlenstempeln in
senkrechter Lage im Innern eines elektrischen Ofens zusammengedrückt, wobei der Druck und die entsprechende
Höhenänderung auf einem Blatt Papier automatisch in ein
Diagramm aufgezeichnet werden, während gleichzeitig die
Temperatur des Probekörpers an einem Pyrometer abgelesen
werden kann.

Der Probekörper *1* und die beiden Kohlenstempel *2* und *3*,
die alle von vornherein eine bestimmte Höhe haben sollen,

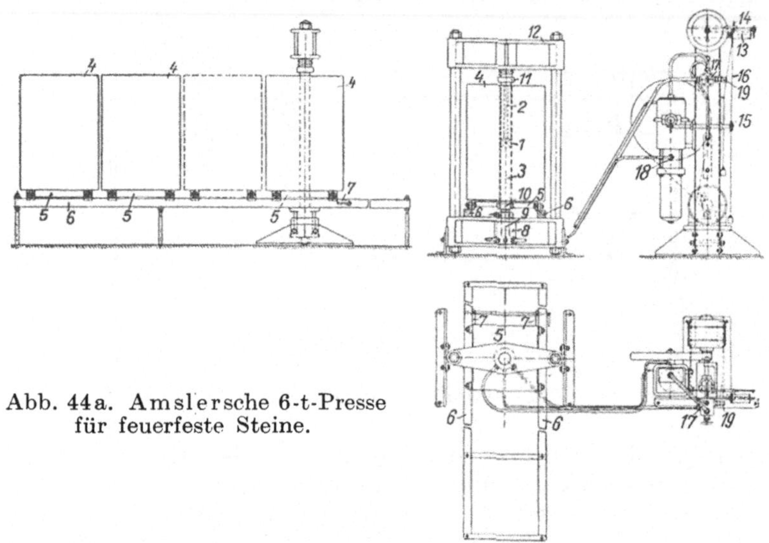

Abb. 44a. Amslersche 6-t-Presse
für feuerfeste Steine.

werden in kaltem Zustand in den elektrischen Ofen *4* eingebaut, der außerhalb der Maschine auf dem Wagen *5* steht.
Dort werden der Probekörper und die Stempel auf die gewünschte Temperatur erhitzt und der Wagen auf dem Gleise *6*
in die Maschine eingefahren. Der Anschlag *7* begrenzt das
Spiel des Wagens so, daß er in die Mitte der Maschine zu
stehen kommt. Auf jeder Seite der Maschine ist ein Anschlag *7* vorgesehen, und zudem sind die Anschläge umklapp-
bar, so daß man den Wagen von vorn oder hinten her in die
Maschine einfahren oder ausfahren kann. Das Geleise ist so
lang, daß sowohl von vorn als hinten drei hintereinander
gestellte Wagen außerhalb der Maschine Platz finden.

Im Sockel der Maschine ist der Zylinder *8* vorgesehen, in welchem der Kolben *9* durch das von der Druckpumpe kommende Öl reibungslos aufwärts getrieben wird, wobei der in der Mitte des Wagens liegende Stempel *10* die beiden Kohlenstempel mit dem dazwischenliegenden Probekörper *1* hebt und gegen die feststehende Platte *11* drückt. Diese Platte *11* bildet das Ende einer Schraube, die man von vornherein der Höhe der Kohlenstempel und des Probekörpers entsprechend einstellt. Die Druckfläche der Platte hat einen konischen Einlauf zur Zentrierung des oberen Kohlenstempels. Die Schraube ist der ganzen Länge nach durchbohrt, ebenso der obere Kohlenstempel, so daß man durch einen auf der Traverse *12* stehenden Spiegel das Lichtbild des weißglühenden Probekörpers auf einen Pyrometer werfen kann. Wird der Druckkolben *9* entlastet, so sinkt der Stempel *10* mit den daraufstehenden Teilen *1*, *2* und *3* in seine Anfangslage zurück. Der obere Kugelstempel tritt aus der Platte *11* heraus und der Wagen kann ungehindert aus der Maschine herausgefahren werden. Die Druckfläche des Stempels *10* wird bündig mit der Plattform des Wagens *5*, so daß alsdann der elektrische Ofen vom Wagen weggeschoben werden kann, um die in seinem Innern enthaltenen Stücke *1*, *2* und *3* nach unten herausnehmen zu können.

Das Öl, welches den Kolben *9* im Zylinder *8* aufwärts drückt, wird von einer elektrisch betriebenen Herzpumpe *12* geliefert. Der Druck wird am Zifferblatt eines Federkraftanzeigers abgelesen. Federkraftanzeiger, Pumpe und Elektromotor bilden zusammen einen Apparat, der neben der Prüfungsmaschine auf dem Fußboden des Lokals steht und mit dem Zylinder *8* durch zwei Rohre verbunden ist.

Das Diagramm wird auf der Trommel *13* durch den Schreibstift *14* aufgezeichnet, der sich proportional zur Druckkraft von links nach rechts bewegt. Die Schreibtrommel *13* dreht sich dabei proportional zur Umdrehung der Pumpenwelle. Da die Menge des von der Pumpe nach dem Zylinder *8* geförderten Öls genau proportional zur Umdrehung der Pumpenwelle ist, so ist auch die Steighöhe des Kolbens *9* proportional zur Umdrehung der Pumpenwelle und damit proportional zur Umdrehung der Schreibtrommel *13*. Der Schreibstift zeichnet also auf dem Papierblatt, das um die Schreibtrommel gelegt ist, in horizontaler Richtung die Kraft und in der Drehrichtung der Trommel die Aufwärtsbewegung des Kolbens *9* auf, letztere in starker Vergrößerung. Die Vergrößerung hängt ab von der Größe des Schnurlaufes *15*, um welche der Faden *16* geschlungen ist, der die Schreibtrommel in Umdrehung versetzt. Das so erzeugte Diagramm würde die Höhenänderung des Probekörpers genau wiedergeben, wenn nicht die Kohlenstempel und das Gestell der Maschine unter steigendem Druck selbst Formänderungen erleiden würden. Diese Formänderungen lassen sich für eine bestimmte Sorte Kohlenstempel und für eine bestimmte Temperatur ein für allemal dadurch feststellen, daß man einen Versuch ohne Probekörper durchführt, indem man die Kohlenstempel *2* und *3* direkt aufeinanderstellt. Ist die Längenänderung der Kohlenstempel und des Maschinengestells proportional zur Drucksteigerung, so zeichnet der Schreibstift auf dem Papierblatt eine geneigte gerade Linie, die bei der Auswertung eines Diagrammes als Ordinatenachse anzusehen ist, während die Abszissenachse eine horizontale Linie ist. Auch wenn die als Ordinatenachse bezeichnete Linie nicht gerade ausfällt, so kann sie doch zur genauen Ermittlung der Höhenänderung des Probekörpers benutzt werden.

Vorn am Gestell des Beobachtungsapparates ist das Rücklaufventil *17* angeordnet, das während des Druckversuches geschlossen bleibt; öffnet man dasselbe, so sinkt der Druckkolben *9* in seine unterste Lage zurück, wobei er das Öl aus dem Zylinder in den Behälter der Pumpe zurücktreibt. Durch Ziehen bzw. Drücken auf den Knopf *18* kann man die Pumpe augenblicklich vollaufen bzw. leerlaufen lassen. Ein Sicherheitsventil *19* sorgt dafür, daß der höchstzulässige Druck von etwa 6000 kg nicht überschritten wird. Das Sicherheitsventil läßt sich auch auf einen andern Höchstdruck einstellen.

Die Geschwindigkeit, mit welcher die Pumpe den Kolben *9* aufwärts treibt, beträgt etwa $^1/_2$ cm in der Sekunde, so daß also ein Druckversuch nur wenige Sekunden dauert, selbst wenn der Druckkolben *9* einige Zentimeter Weg ausführen muß, bis der obere Kohlenstempel gegen die Platte *11* stößt. Die Durchmesser der beiden Schnurläufe *15* und der Schnurläufe an der Schreibtrommel sind so vorgesehen, daß der Hub des Kolbens *9* in 25-, 50- oder 100facher Vergrößerung im Diagramm aufgezeichnet wird. Statt dieser Vergrößerung lassen sich auch andere vorsehen.

Zum Antrieb der Pumpe ist ein Elektromotor von $^1/_2$ PS-Leistung und einer Umlaufgeschwindigkeit von etwa 1500 Touren in der Minute erforderlich.

Die Presse wird unmittelbar auf den Fußboden des Versuchslokals gestellt. Ein besonderes Fundament ist dafür nicht nötig, auch ist es nicht durchaus nötig, die Maschine am Boden zu befestigen.

14. Wärmeausdehnung.

Die von Steinhoff und Nopitsch angegebene Apparatur gestattet die Aufnahme von Ausdehnungskurven der Probekörper bis ungefähr 1000° C und ist von der Firma Dr. Taurke vorm. Dr. Goercki, Dortmund, Saarbrückener Str. 29 zu beziehen. Sie besteht aus dem elektrischen Ofen mit

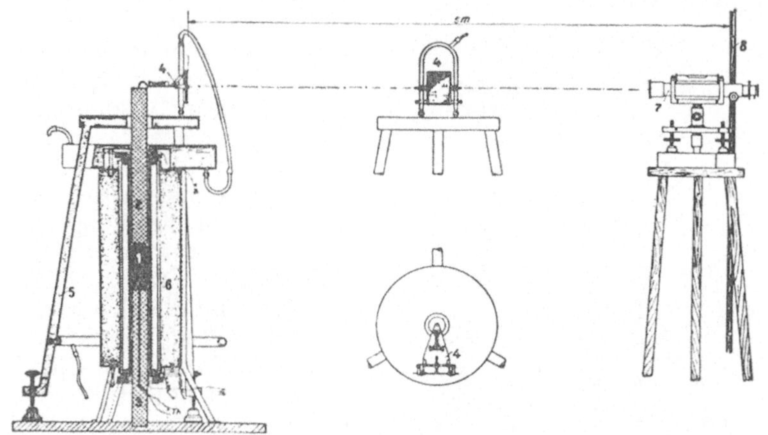

Abb. 45. Apparatur nach Steinhoff und Nopitsch zur Ermittlung der Wärmeausdehnung.

Spezialdrahtheizung, Kühlgestell und Spiegel, und aus dem Beobachtungsfernrohr auf Stativ mit der Meßplatte (vgl. Abb. 45 u. 46). Ferner ist ein Thermoelement erforderlich, ein Wasserbehälter und ein Regulierwiderstand für den Ofen. Für die Durchführung des Versuches ist erforderlich, einen Probekörper von 100 mm Länge und 35 mm Durchmesser herzustellen und mit einer bis in die Mitte reichenden Bohrung zu versehen. Nach dem Einsetzen des Körpers in die Apparatur beschränkt sich die Tätigkeit des Beobachters auf die Ablesung der Ofentemperatur und der Meßlattenskala. Der zylindrische Prüfkörper steht auf einem massiven Quarzglasstempel, der eine axiale Bohrung besitzt, welche das Einführen eines Thermoelementes in das Innere des gleichfalls mit einer axialen Bohrung versehenen Prüfkörpers gestattet. Auf diesem steht ein zweiter Quarzglasstempel mit planparallel geschliffenen Flächen, auf dessen oberer Auflagefläche der Ansatz eines 10 cm langen Hebels ruht, in dessen Drehachse ein Spiegel befestigt ist. Die Spiegelmeßvorrichtung ist auf einem wasserdurchströmten Dreifußgestell angebracht, das den elektrischen Röhrenofen umgibt. Die ganze Einrichtung ruht auf einer Marmorplatte, in welcher der untere Quarzglasstempel einzementiert ist. Bei der Ausdehnung des Prüfkörpers hebt sich der obere Quarzglasstempel um das Maß dieser Ausdehnung. Die Wegestrecke, die er hierbei zurücklegt, wird durch die Spiegelmeßvorrichtung in eine Winkeldrehung umgesetzt. Der vom Spiegel reflektierte Strahl bildet mit dem einfallenden Strahl nach dem Reflektionsgesetz den doppelten Drehwinkel. Dieser wird mit Hilfe eines Fernrohres auf einer erleuchteten Meßlatte abgelesen. Für sehr kleine Ausdehnungen des Prüfkörpers und demzufolge sehr kleine Ausschlagwinkel des Spiegels, erübrigt sich eine Umrechnung von Strecken auf Winkel, wenn ein entsprechendes Verhältnis zwischen Entfernung der Meßlatte vom Spiegel und Länge des Hebels gewahrt bleibt, und wenn die Entfernung zwischen Spiegel und Meßlatte nicht zu klein wird. Ist die Länge des Hebelarmes 10 cm, die Entfernung der Meßlatte vom Spiegel 5 m, so ergibt sich ein Übersetzungsverhältnis von 1 : 100. Diese Anordnung gestattet also bei einer Millimeterteilung der Meßlatte $^1/_{100}$ mm Ausdehnung des Prüfkörpers abzulesen und $^1/_{1000}$ mm zu schät-

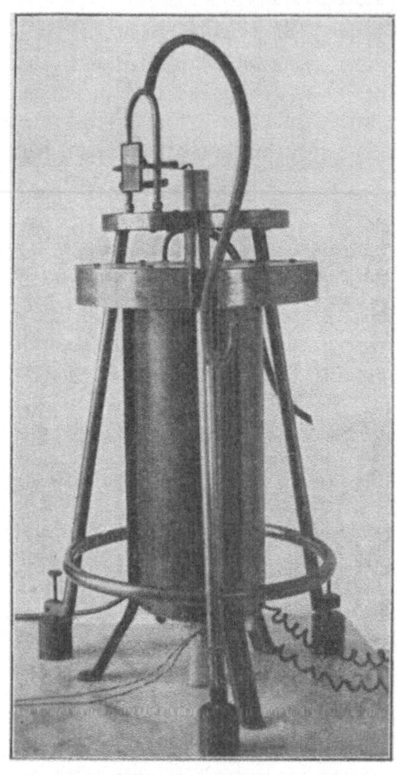

Abb. 46. Apparatur nach Steinhoff und Nopitsch zur Ermittlung der Wärmeausdehnung.

zen. Infolge des bequemen Übersetzungsverhältnisses stellen die auf der Meßlatte abgelesenen Werte die prozentuale Ausdehnung des Prüfkörpers dar. Die Ablesegenauigkeit kann durch entsprechende Wahl der Entfernung der Meßlatte vom Spiegel oder durch Verkürzen des Hebelarmes erhöht werden.

Die Eichung der Apparatur erfolgt empirisch. Man setzt zu diesem Zweck an Stelle des Prüfkörpers einen gleichgroßen Körper aus Quarzglas, dessen Ausdehnung bekannt ist. Man hat nunmehr einen Versuch bis 1000° der maximalen Bestimmungstemperatur der Einrichtung durchzuführen und die sich ergebende Ausdehnung abzüglich des bekannten Wertes für Quarzglas, von der jeweiligen Ausdehnung der Versuchskörper abzuziehen.

Abb. 47. Differential-Dilatometer nach Chevenard[1]).

Das Differential-Dilatometer mit mechanischer Aufzeichnung, Bauart Chevenard [beschrieben in Glast. Ber. Bd. 6 (1928), Heft 7, S. 348], ist für diese Zwecke ebenfalls verwendbar und wird unter anderem auch im Kaiser-Wilhelm-Institut für Silikatforschung gebraucht. Von verschiedenen vorhandenen Ausführungsformen ist z. B. für die Überwachung des Silikasteinbrandes die in der Abb. 47 dargestellte Ausführungsart geeignet. Der Apparat ist für Betriebslaboratorien bestimmt, um das Verhalten fester Körper bei Wärmebehandlung zu untersuchen. Er ist wertvoll sowohl für Forschungsarbeiten als auch für die Betriebskontrolle der Ausdehnung von feuerfester Materialien. Der Apparat ist sehr empfindlich, genau und beansprucht wenig Raum. Die Ver-

---

[1]) Ausführung ohne Grundplatte. Eine andere Ausführungsform der Apparate, ebenfalls mit mechanischer Aufzeichnung, ist mit Grundplatte und Dreikantschiene versehen.

suche sind billig und schnell auszuführen. Die Schaulinie (vgl. Abb. 59) wird vor den Augen des Beobachters aufgezeichnet, der Versuch kann sofort nach Auftreten der gesuchten Erscheinung unterbrochen werden. Die erhaltenen Kurven geben die Differentialausdehnung eines Versuchskörpers und eines Vergleichskörpers von bekannter Ausdehnung. Statt des Vergleichskörpers lassen sich auch zwei verschiedene Körper oder gleiche Materialien mit geringem Ausdehnungsunterschied miteinander dilatometrieren. Höchsttemperatur der Versuche ist 1200° C. Hersteller: P. F. Dujardin & Co., Düsseldorf, Rathausufer 16. Die Firma liefert übrigens neben Dilatometern mit mechanischer Aufzeichnung auch Apparate des gleichen Erfinders, die für photographische Aufzeichnung eingerichtet sind.

Das Staatliche Materialprüfungsamt in Berlin-Dahlem benutzt zur Bestimmung der Wärmeausdehnung fester Körper bei hohen Temperaturen den von Dr.-Ing. Sieglerschmidt konstruierten und in den Mitteil. des Materialprüfungsamtes Bd. 42, Heft 5—6, S. 54 (vgl. auch Feuerfest II, 1926, Heft 4, S. 38) beschriebenen Apparat. Der Apparat, der bis zu einer Temperatur von 900° C arbeitet, ist stehend angeordnet. Er wurde vom Materialprüfungsamt selbst gebaut; die hierfür erforderlichen Quarzteile wurden von der Quarzschmelze der Deutschen Ton- und Steinzeugwerke A.-G., Berlin-Charlottenburg, Berliner Str. 23, hergestellt. Nach Auskunft des Amtes setzt man sich bezüglich der Herstellung des Apparates zweckmäßig mit den folgenden Firmen in Verbindung: 1. Staeger & Co., Berlin-Steglitz, Treitschkestr. 46 und 2. Heiser, Berlin-Lichterfelde, Hindenburgdamm.

Eine neue Einrichtung zur Bestimmung der Wärmeausdehnung fester Körper, mit welcher die Aufnahme von Ausdehnungskurven fester Körper in Stabform auf photographischem Wege bis zur Temperatur von 800° C möglich ist, beschreibt M. Cohn in der Zeitschrift für technische Physik, Bd. 10 (1929), Heft 3, S. 103—106.

Der bekannte schreibende patentierte Apparat zur Messung der Wärmeausdehnung nach W. Steger wird von der Atom G. m. b. H., Berlin-Steglitz, Breitestr. 3, geliefert. Seine Wirkungsweise ist aus der folgenden Beschreibung[1]) ersichtlich. Auf dem Untergestell *1* (vgl. Abb. 48) ruht, von zwei

---

[1]) Näheres siehe Bericht des Werkstoffausschusses d. Ver. D. Eisenhüttenleute Nr. 91; ferner Sprechsaal 1925, S. 806—807.

Stahlbändern gehalten, der elektrische Ofen *2*. Der Ofen besitzt eine Heizwicklung von Chromnickeldraht und kann bis 900° erhitzt werden. In den Ofen ragt ein langes Rohr *3* aus Quarzgut, das an der rechten Seite eine Messingmuffe *5* und an des linken Seite ein Metallgewinde zum Aufschrauben der Überwurfmutter *10* trägt. Das Quarzgutrohr ist durch eine Schelle mit dem Auflager *4* fest verbunden und wird sonst nur an den beiden Enden des Heizrohres des Ofens durch zwei Ringe aus Asbestschnur gehalten. In das Rohr *3* ragen von rechts ein Quarzgutrohr *7*, das den Kolben *6* trägt, der in die Muffe *5* eingepaßt ist, auf der anderen Seite der Quarz-

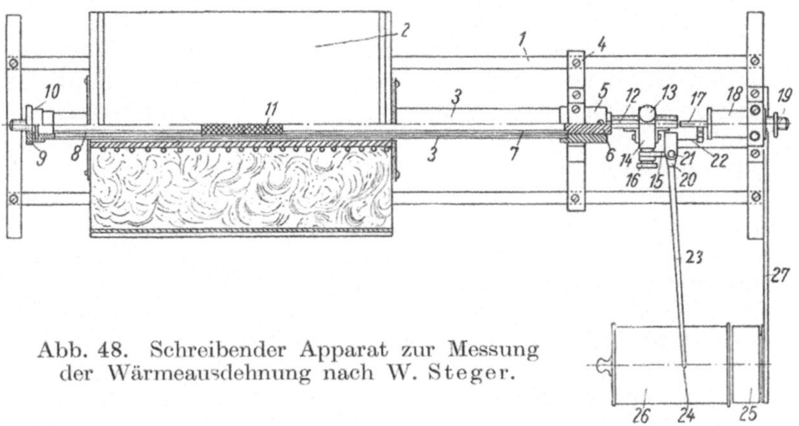

Abb. 48. Schreibender Apparat zur Messung der Wärmeausdehnung nach W. Steger.

gutstempel *8* mit der Metallplatte *9*. Zwischen den beiden Stempeln *7* und *8* liegt der zu messende Körper *11*.

Wird der elektrische Ofen *2* erhitzt, so dehnen sich der Probekörper *11* und die in den Ofen ragenden Teile der Rohre *3*, *7* und *8* nach verschiedenen Richtungen hin aus. Da das ganze System an dem Lager *4* befestigt ist, tritt eine Bewegung des Stempels *7* nach rechts ein, deren Größe der Wärmeausdehnung des Probekörpers *11* abzüglich derjenigen des ebenso langen Teiles des Quarzgutrohres *3* entspricht.

Der Kolben *6* trägt einen Vierkant *12*, auf welchem mittels einer Zahnstange und eines durch die Kordelschraube *13* zu drehenden Triebes das Gleitstück *14* hin- und hergeschoben werden kann. Das Gleitstück *14* trägt die Stahlschneide *15* und die am Umfang mit einer Teilung versehene Mikrometerschraube *16*; durch eine Feder wird die Schneide *15* gegen die Mikrometerschraube *16* gepreßt.

Die Bewegung des Quarzgutstempels *7* wird durch die Schneide auf die Stahlplatte *20* übertragen, welche zwischen den Spitzen *21* drehbar gelagert ist und durch ein an der Schnur *22* hängendes Gewicht an die Schneide *15* gelegt wird.

Die Platte *20* trägt den Zeiger *23* mit dem Schreibröhrchen *24*; dieses zeichnet die Ausdehnung auf der Trommel *26*, die durch den Arm *27* mit dem Untergestell *1* verbunden ist, auf. Die Trommel *26* wird durch das Uhrwerk *25* in Bewegung gesetzt, sie dreht sich in 6 Stunden einmal um die Achse.

Um die Stempel gegen den Probekörper fest anzudrücken, ist eine Feder vorgesehen, welche in der Buchse *18* sitzt und den Stab *17* gegen den Vierkantstab *12* preßt. Durch die Kordelschraube *19* kann die Feder *18* gespannt werden.

Um das Gleitstück *14* auf dem Vierkantstab *12* festzustellen, ist eine Schraube angebracht. Bei der Nullstellung der Mikrometerschraube *16* liegt die Schneide genau am Drehpunkt *21* der Platte *20*. Durch Drehen der Mikrometerschraube kann der Abstand der Schneide von dem Drehpunkt der Platte nach Wunsch geändert werden. Eine volle Umdrehung der Mikrometerschraube entspricht der Strecke von 1 mm; Zehntelmillimeter können an der Teilung der Mikrometerschraube abgelesen werden.

Über einen neueren, ebenfalls von der Atomgesellschaft m. b. H., Berlin, gelieferten Apparat (vgl. Abb. 49), mit welchem Versuche bei höheren Temperaturen (bis 1600° C) durchgeführt werden können, hat Prof. Dr. K. Endell in der Zeitschrift „Feuerfest-Ofenbau" V (1929), Heft 1, S. 3, ausführlich berichtet[1]).

Ferner möge darauf hingewiesen werden, daß, wie es mir während des Druckes des vorliegenden Buches bekannt geworden ist, die Firma Ernst Leitz, Wetzlar, einen neuen Komparator für dilatometrische Messungen an keramischen Baustoffen herausgebracht hatte. Eine ausführliche Beschreibung dieses Komperators (mit Abbildung) befindet sich im Heft 6 der Zeitschrift „Die Meßtechnik" vom Jahre 1930.

Zum Schluß sei erwähnt, daß auch weitere Bauarten solcher Apparate angewandt werden. So führte das Centrallaboratorium und Forschungsinstitut des Didier-Konzerns in Stettin eine Reihe von beachtenswerten Versuchen mit einem vom Institut selbst konstruierten (vgl.Tonind.-Ztg. 1927, S. 417 bis 422) Apparat durch, der eine Modifikation des seinerzeit

---

[1]) Vgl. auch die Beschreibung des Weha-Elektroofens (Abb. 31) im Abschnitt 11.

von Steger (Spr. 1924, Heft 26, S. 310—313) angegebenen
Apparates darstellt. Das Centrallaboratorium des Didier-
Konzerns in Stettin ist bereit, diesen Apparat auf Anfrage
hin zu liefern. Das Tonindustrie-Laboratorium Berlin be-
fürwortet das kathetometrische Verfahren nach Hirsch-
Pulfrich, das im Werkstoffauschuß-Bericht Nr. 93 kurz er-
wähnt und in der Tonind.-Ztg. 1925, S. 452—453 und 1928,
S. 712—713 etwas ausführlicher beschrieben wird. Die dazu-
gehörige Meß- und Visiervorrichtung ist in der Abb. 50 gezeigt.
Zum Verfahren gehört ein Erhitzungsofen, der je nach der

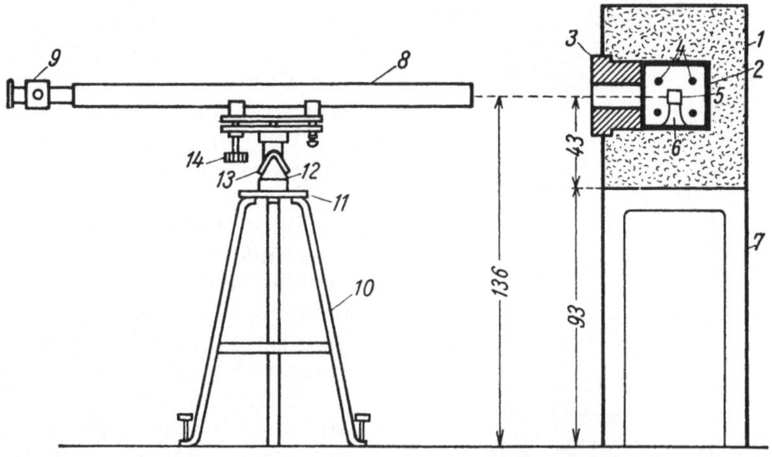

Abb. 49. Apparat zur Bestimmung der Wärmeausdehnung bis 1600° C.

gewünschten Temperatur für Silitstabbeheizung (bis 1400° C)
oder als Kohlengrießofen (bis 1700° C) eingerichtet ist; ferner
naturgemäß Regulierwiderstände, Pyrometer, Steinsäge usw.
Die benutzten Prismenkörper haben Abmessungen von
$2 \times 2 \times 12$ cm und sind nahe den Enden mit Meßmarken
versehen. Der Vorteil des Verfahrens besteht in der Trennung
der Meßvorrichtung von der Erhitzungsvorrichtung. Das
Institut für Gesteinshüttenkunde an der Technischen Hochschule in Aachen hat eine eigene Methode zur Messung der
Wärmeausdehnung ausgearbeitet, die in der Literatur nach
meiner Kenntnis noch nicht beschrieben ist.

Weitere Verfahren siehe Werkstoffausschuß-Bericht Nr. 124
(Endell). Vgl. ferner Glückauf 1929, Heft 4, S. 145—146 (Komparatorverfahren). Im übrigen siehe auch DIN-Entwurf E 1066.

Volumen- oder Raumbeständigkeit bei hohen Temperaturen gehört ebenfalls zum gleichen Kapitel. Während die Untersuchung der Wärmeausdehnung wichtige und unentbehrliche Aufschlüsse über das Verhalten der Steine beim Auf- und Abheizen des Ofenblocks liefert, gewinnt die Volumenbeständigkeit der feuerfesten Steine und deren Prüfverfahren erst bei längerer Betriebsdauer an Bedeutung. Die Feststellung der Volumenbeständigkeit der Steine, vorgenommen vor der Verwendung derselben, läßt oft unter Umständen spätere unerwünschte Störungen vermeiden. Steinhoff empfiehlt, die Untersuchung dieser Eigenschaft zweckmäßig in einem gasgefeuerten Muffelofen vorzunehmen, der eine gleichmäßige Temperatur bis 1600° C einzustellen gestattet. Die Glühungen nimmt man etwa an zylindrischen Prüfkörpern von 35 mm Durchmesser und 100 mm Länge vor, die mit einem Diamantbohrer aus den zu untersuchenden Steinen herausgearbeitet werden. Das Gesamtvolumen wird vor und nach dem Glühen durch Quecksilberverdrängung[1] bestimmt. Um möglichst schnell Ergebnisse zu erhalten, werden die Glüh-

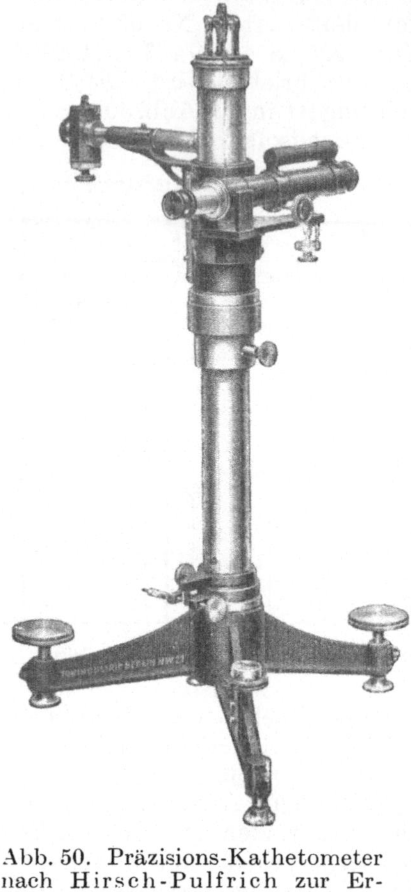

Abb. 50. Präzisions-Kathetometer nach Hirsch-Pulfrich zur Ermittlung der Wärmeausdehnung feuerfester Materialien.

---

[1] Steinhoff und Mell, Porositätsbestimmungen an feuerfesten Steinen, Ber. Werkstoffaussch. V. D. Eisenh. Nr. 44 (1924); Miehr, Kratzert und Immke, Bestimmung des spezifischen Gewichtes, des Volumgewichtes und der Porosität fester Körper, Tonind.-Ztg. 50 (1926), S. 1425—1427.

temperaturen bei diesen Versuchen höher angesetzt, als sie in der Praxis vorkommen. Die kürzere Anwendungszeit wird durch höhere Temperatur ausgeglichen, da in der Grobkeramik bekanntlich eine lange Glühung bei niederer Temperatur durch eine kurze bei höherer Temperatur ersetzt werden kann.

Im Laboratorium des Vereins zur Überwachung der Kraftwirtschaft der Ruhrzechen zu Essen wird für diesen Zweck der Kruppsche Steinstrahlofen (vgl. Abschnitt „Laboratoriumsöfen") angewandt. Im gleichen Ofen können einer Erhitzung auch Proben zur Feststellung des Nachschwindens beim Brennen unterworfen werden.

15. Spezifische Wärme.

Die Methoden zur Ermittlung der spezifischen Wärme feuerfester Materialien zeichnen sich durch eine große Verschiedenartigkeit aus. Eine gute Übersicht der angewendeten Verfahren gibt W. Cohn (Ber. D. Ker. Ges. 1928, Heft 5) in seinen lesenswerten, mit reichen Literaturangaben versehenen Arbeiten. Fertige Apparaturen für diesen Zweck gibt es wohl im Handel kaum. Sie werden meist von den Instituten selbst gebaut oder nach jeweiligen Angaben von den bekannten Apparatebaufirmen zusammengestellt. Übrigens ist das Centrallaboratorium des Didier-Konzerns in Stettin bereit, wie mir auf Anfrage mitgeteilt wird, von Fall zu Fall Angebote auf Lieferung der Apparatur zur Bestimmung der spezifischen Wärme auszuarbeiten, wie dieselbe in der Tonindustrie-Zeitung 1926, Heft 95 und 102 (bzw. im Wifa-Bericht Nr. 2) von Miehr, Kratzert und Immke beschrieben wurde.

16. Wärmeleitfähigkeit.

Bezüglich der Beschaffung von Apparaturen hierfür gilt im allgemeinen das vorhin über die Apparate für spezifische Wärme Gesagte. Einige Institute haben hierfür interne Methoden auf Grund selbst zusammengestellter Apparate ausgearbeitet. In dem neuen Institut für Gesteinshüttenkunde in Aachen befindet sich ebenfalls eine besondere Methode hierfür in Entwicklung. Eine gute Übersicht der verschiedentlich in Vorschlag gebrachten Verfahren bringt A. Kanz (vom Forschungsinstitut der Ver. Stahlwerke) im Werkstoffausschußbericht Nr. 78 (reiche Literaturangaben); daneben auch W. Cohn in Ber. D. Ker. Ges. 1928, Heft 5. Vgl. übrigens auch die gleiche Zeitschrift 1927, S. 155.

Auch der „Wifa" (wissenschaftlicher Fachausschuß) läßt seit 2 Jahren mit erheblichen Mitteln, die vom Bund deutscher Fabriken feuerfester Erzeugnisse zur Verfügung gestellt worden sind, in dem Physikalischen Institut der Technischen Hochschule Breslau eine Arbeit über Wärmeleitfähigkeit durchführen. Teilergebnisse sind bereits im Wifa-Bericht[1] Nr. 20 auf S. 6—7 mitgeteilt; weiteres darüber (ausführlicher) enthält der Wifa-Bericht Nr. 21[1].

Die Wärmeleitzahl von feuerfestem Material kann auch mit dem Wärmeverlustmesser nach Dr. Lamort und WIO-Bonn (Abb. 51) ermittelt werden. Das zu prüfende feuerfeste Material muß auf solche Weise in eine Ofenwand bzw. Ofentür eingesetzt werden, daß mit dem Wärmeverlustmesser die

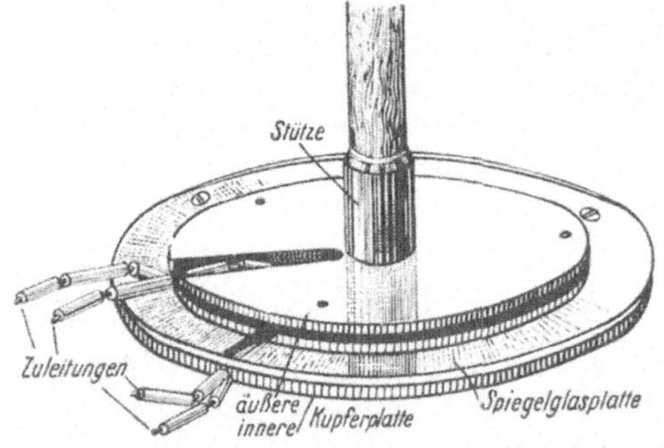

Abb. 51. Wärmeverlustmesser, Bauart Lamort und WIO-Bonn.

nach außen austretende Wärme gemessen werden kann. Um aus diesem Ergebnisse dann die Wärmeleitzahl des Materials berechnen zu können, sind noch zu ermitteln:

1. Die Temperatur „t_a" der Außenwand (in °C.).
2. Die Temperatur „t_i" der Innenwand und
3. die Wandstärke „s" in Meter.

Sind diese drei Ziffern festgestellt, so ergibt sich die Wärmeleitzahl des Materials aus der Gleichung:

$$\lambda = \frac{Q \cdot s}{t_i - t_a} .$$

Mit Q ist die durch den Wärmeverlustmesser angezeigte Wärmemenge bezeichnet, welche pro Quadratmeter und Stunde austritt.

[1] Zu beziehen vom Bund deutscher Fabriken feuerfester Erzeugnisse, Berlin W 50, Tauentzienstr. 12.

Die auf diese Weise ermittelte Wärmeleitzahl ist die technische, welche in WE pro Quadratmeter Oberfläche, Meter Wandstärke, Stunde und Grad Celsius ausgedrückt ist. Die entsprechende Wärmeleitzahl des CGS.-Systems der Physik findet man durch die Division mit 360.

Zur Ermittlung der Temperatur der Außenwand kann der Wärmeverlustmesser selbst dienen. Während der Messung des Wärmeverlustes ist einige Male das äußere Thermoelement vom Millivoltmeter abzuschalten, so daß nunmehr das Thermoelement der inneren Kupferplatte, welche an der Wand anliegt, eingeschaltet bleibt. Um die Wandtemperatur aus der Millivoltmeterablesung zu finden, benutzt man eine besondere, von der Lieferfirma aufgestellte Tabelle.

Bei der Ermittlung der Temperatur der Innenwand wird es sich in der Regel um ein rot- oder weißglühendes Ofeninnere handeln, es ist dann hier die optische Temperaturmessung am Platze. In dem Wandteil, welcher sich gegenüber demjenigen mit dem zu untersuchenden feuerfesten Material befindet, muß eine kleine Öffnung vorhanden sein zum Hindurchvisieren mit dem optischen Pyrometer.

Ein einzelliger Wärmeverlustmesser ist in der Abb. 51 gezeigt; die Messer werden auch als dreizellige geliefert. Alleinvertrieb für Deutschland hat die Firma Vaillant & Polle, Gelsenkirchen, Hans-Sachs-Haus.

17. Temperaturwechselempfindlichkeit.

Die in der Abb. 52 dargestellte Vorrichtung wird von der Atom G. m. b. H., Berlin-Steglitz, Breite Str. 3, angegeben und kann von dort bezogen werden. Die Vorrichtung besteht aus: 1. dem Ofen *1* zum Erhitzen der Steine, 2. dem Wasserkasten *2*, in dem die Steine abgeschreckt werden, 3. dem Rahmengestell *3*, in das drei Normalsteine eingeklemmt werden können und 4. dem Hilfsgestell *4* zum Einspannen der Steine.

Der Ofen *1* zum Erhitzen der Steine besitzt drei Silitstäbe als Heizkörper. Der Ofen kann für direkten Anschluß an ein Netz mit 110 oder 220 Volt Gleich- oder Wechselstrom oder 220 Volt verketteten Dreiphasenstrom eingerichtet werden. Ein Vorschaltwiderstand ist nicht notwendig. Der Strombedarf ist rd. 4 kVA.

Zur Temperaturmessung sind in Höhe der unteren Kante der in den Ofen an einem besonderen Gestell eingehängten 3 Steine 3 Bohrungen vorgesehen. Durch diese kann die Temperatur optisch oder mit Hilfe eines Thermoelementes gemessen werden. Sie können durch einen Blechschieber, der außen am Ofen angebracht ist, verschlossen werden.

Für die Temperaturmessung wird ein Nickel-Nickelchrom-Thermoelement und ein passendes Millivoltmeter empfohlen.

Der Wasserkasten 2 besitzt 3 Anschlußstutzen für Gummischläuche. Das von unten eintretende Wasser steigt allmäh-

Abb. 52. Vorrichtung der Atom G. m. b. H. zur Prüfung der Widerstandsfähigkeit feuerfester Baustoffe gegen plötzlichen Temperaturwechsel.

lich hoch und läuft, wenn es eine bestimmte Höhe erreicht hat, über 2 Ablaufrinnen ab.

Das Rahmengestell 3 ist zum Einsetzen von 3 feuerfesten Steinen im Normalformat eingerichtet. Die 3 Steine werden in der in der Abbildung dargestellten Weise auf das Hilfsgestell 4 gebracht. Die Höhe der senkrechten Flanken des Hilfsgestells ist so eingerichtet, daß sich die unteren Steinenden nach dem Einspannen in das Rahmengestell 3 im Ofen 1 dicht über den Heizstäben befinden. Zwischen die einzelnen Steine legt man, soweit die Steine aus dem Ofen herausragen, Platten aus Asbest von 3 mm Stärke. Auf diese Weise hängen die Steine in ihren unteren Teilen, die erhitzt werden, frei, ohne sich zu berühren, im Gestell.

Bei der Ausführung des Versuches geht man folgendermaßen vor: Nach dem Einspannen von 3 Normalsteinen in den Rahmen *3* wird dieser in den Ofen eingesetzt. Der Strom wird eingeschaltet. Wenn die Unterkante der Steine etwa 850° C erreicht hat, werden die Steine herausgehoben und in den Wasserkasten *2* gebracht. Man läßt das Kühlwasser lebhaft durchlaufen. 3 Minuten nach dem Einsetzen in den Wasserkasten werden die Steine herausgehoben und zum Verdampfen des aufgesogenen Wassers auf eine Unterlage gestellt. Man beobachtet nun, ob Risse in der Steinmasse entstanden sind. Nachdem wiederum 5 Minuten verstrichen sind, werden die Steine wieder in den Ofen eingesetzt. Das Abschrecken ist so oft zu wiederholen, bis der Stein zerbricht. Als Versagen des Steines gilt die Zahl der Abschreckungen, bei der entweder der erhitzte Teil des Steines wegplatzt, oder bei der das Gefüge soweit zermürbt ist, daß sich der Stein zwischen den Fingern zerreiben läßt.

Im Forschungsinstitut des Didier-Konzerns lehnt man sich bei der Prüfung auf Temperaturwechselempfindlichkeit in bezug auf die Erhitzung ebenfalls an das amerikanische Vorbild an, modifiziert jedoch das Verfahren, indem die Abkühlung unter abgeänderten Verhältnissen vorgenommen wird. Die Abkühlung geschieht durch eine in einen weiten Blechmantel gehüllte Druckluft-Wasserbrause, die pro Minute $^1/_4$ Liter feinst zerstäubtes Wasser bei einem Überdruck von 1 Atmosphäre auf das glühende Kopfende des unter die Brause gestellten Versuchssteines spritzt. Nach 3 Minuten wird der Stein weggenommen, von neuem einseitig erhitzt und die Prozedur des Abschreckens bis zum Abplatzen des Kopfes fortgesetzt. Es werden, wenn irgend möglich, 10 Steine von jeder Sorte untersucht (vgl. Wifa-Bericht[1]) Nr. 9, wo sich auch die Kritik der anderen Verfahren befindet).

Im übrigen kann man Erhitzungen auch in jedem gasgefeuerten Ofen anderer Konstruktion vornehmen. Zur Abschreckung kann man sich eines selbstkonstruierten Gefäßes mit Überlauf bedienen.

---

[1]) Zu beziehen vom Bund Deutscher Fabriken feuerfester Erzeugnisse, Berlin W 50, Tauentzienstr. 12.

18. Mechanische Festigkeit.

Für die Ermittlung der mechanischen Festigkeit der feuerfesten Steine bedient man sich ähnlicher Pressen wie in der gesamten Baustoffindustrie. Sofern man die Prüfung an

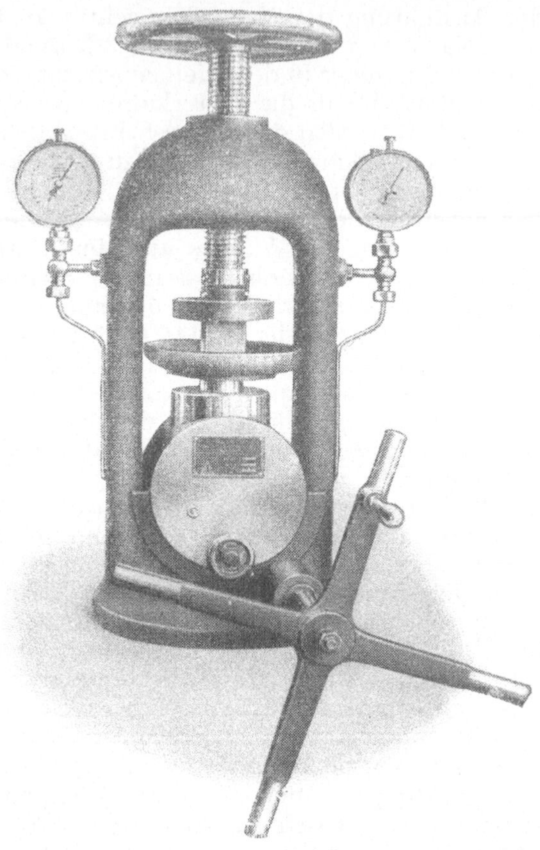

Abb. 53. 60-Tonnen-Baustoffprüfpresse, Bauart Martens.

halben aufeinandergemauerten Steinen vornehmen will, muß die Presse eine Leistung von 50—60 t aufweisen. Ein solcher von der Maschinenfabrik Augsburg-Nürnberg (Alleinvertrieb durch das Tonindustrie-Laboratrium, Berlin NW 21, Dreysestr. 4) gebaute 60-Tonnen-Baustoffprüfer ist in der Abb. 53 gezeigt. Die Abmessungen der Presse sind so gewählt, daß auf ihr Baustoffe in Würfelform mit 7,07—10 cm

Kantenlänge, zwei aufeinander gemauerte Ziegelhälften sowie auch ganze Ziegel geprüft werden können. Im letzteren Falle wird die Maschine mit größeren und stärkeren Preßplatten ausgerüstet. Der Antrieb geschieht durch eine Spindelpreßpumpe, die durch Drehen der Handkurbel in Tätigkeit gesetzt wird. Die Ablesung der Druckkräfte erfolgt mittels Manometer, die links und rechts von der Maschine in Augenhöhe auf einem Stutzen federnd aufgeschraubt sind. Eines der Manometer wird als Arbeitsmanometer benutzt und ist mit einem Schleppzeiger ausgerüstet, während das zweite Manometer zur Kontrolle des Arbeitsmanometers dient. Der Baustoffprüfer besitzt zwei zentrisch ineinanderlaufende Druckkolben. Für Druckkräfte von etwa 600—12000 kg wird nur dem kleinen Kolben Druckflüssigkeit zugeführt, während für Druckkräfte bis zu 60000 kg beide Druckkolben zu gleicher Zeit unter Druck gesetzt werden. Die Absperrung des großen Druckkolbens vom kleinen wird durch ein Ventil, das sich vorn im Preßzylinder des Baustoffprüfers befindet, bewerkstelligt.

Sehr bekannt sind die in vielfacher Anwendung befindlichen Baustoffpressen des Losenhausenwerkes (Düsseldorfer Maschinenbau A.-G.) in Düsseldorf-Grafenberg, die ähnlich der Abb. 54 für verstellbare Höhen, verschiedene Drücke und Druckplattengrößen, für Hand und elektrischen Antrieb geliefert werden. Die Konstruktion der für den vorliegenden Zweck in Frage kommenden Losenhausenschen Pressen entspricht der von Martens empfohlenen Ausführung. Nur ist die Bauart „Losenhausen" weiter dadurch vervollkommnet, daß die Messung nicht in einem Zylinder erfolgt, der immerhin einige Prozent Fehler durch die Kolbenreibung mit sich bringt, sondern durch eine von der Firma erfundene Meßdose, die fast reibungslos arbeitet und daher wesentlich genauer als die Zylindermessung ist.

Wenn auch die Prüfung der feuerfesten Steine auf mechanische Festigkeit im kalten Zustande in Deutschland erst Ende 1929 normiert wurde (DIN 1067), so gingen schon vorher verschiedene Institute, wie z. B. das Staatliche Materialprüfungsamt und einige Industrielaboratorien, dazu über, für diese Prüfung zylindrische[1]) Probekörper von 5 cm im Durchmesser und 4,5 cm Höhe zu verwenden. In diesem

---

[1]) Aus der Normenvorschrift ergibt sich, daß die früher übliche Prüfung der Druckfestigkeit an aufeinandergemauerten Ziegelhälften verlassen wurde.

Falle kommt man auch mit einer kleinen Presse von 10 t Belastung aus. Solche Pressen liefert ebenfalls das Ton-industrie-Laboratorium, Berlin NW 21, Dreysestr. 4. Auch hier erfolgt der Antrieb durch Spindelpumpe, die Ab-lesung durch Präzisionsmanometer mit Schleppzeiger. Die Größe der Preßplatten beträgt 176 mm im Durchmesser, die größte Höhe zwischen den Preßplatten 150 mm. Die Maschine kann zwecks genauer Ablesung für die niedrige Laststufe bis maximal 6000 kg mit einem dritten Manometer versehen werden.

Abb. 54. Losenhausen-Baustoffpresse.

Ein neues Verfahren zur Ermittlung der Druckfestig-keit feuerfester Steine bei hohen Temperaturen, das mit dem Druckerweichungsversuch in der Hitze nicht zu ver-wechseln ist, hat Hirsch in einem Vortrag während der 9. Versammlung der D. Ker. Ges. in Vorschlag gebracht (beschrieben in Ber. D. Ker. Ges. 1928, Heft 11, S. 577—596 und Tonind.-Ztg. 1929, Nr. 1), worauf hiermit vollständigkeits-halber verwiesen wird. Der vom Vortragenden für diesen Zweck aufgebaute Apparat ist in der genannten Quelle eben-falls wiedergegeben.

Zur Ausführung von Biegeversuchen an feuerfesten Steinen kann die Amslersche 500-kg-Biegemaschine heran-gezogen werden, welche auf Veranlassung der Firma „Tueile-ries de la Méditerranée, Marseille" konstruiert worden ist. Diese

von Alfred J. Amsler & Co., Schaffhausen, Schweiz, zu
beziehende Maschine ist in der „Meßtechnik" VI (1930), Heft 1,
S. 24/25 ausführlich beschrieben, worauf hiermit verwiesen sei.

19. Abrieb und Härte.

Die Untersuchung der feuerfesten Steine auf ihr Verhalten gegen Abrieb und Abnutzung geschieht einstweilen nur selten. Indessen wird die (vom Deutschen Ver-

Abb. 55. Schleifmaschine nach Böhme zur Ermittlung des Ab-
nutzungswiderstandes keramischer Körper.

band für Materialprüfungen der Technik übrigens bereits
vornormierte) Schleifmaschine nach Böhme in der letzten
Zeit von einigen Instituten, so vom Staatlichen Materialprüfungsamt in Berlin-Dahlem und anderen Material-
prüfungsanstalten zur Bestimmung der Abnutzung keramischer Materialien herangezogen. Diese Maschine (zu beziehen
von Oskar A. Richter, Dresden-A. 1, Güterbahnhofstr. 8
oder vom Chemischen Laboratorium für Tonindustrie, Berlin NW 21, Dreysestr. 4) zeigt die Abb. 55.
Der Probekörper, welcher in eine Klaue eingespannt wird,
sitzt mit seiner Schleiffläche auf einem mittleren Radius

von 22 cm und wird mit 30 U/min der Schleifscheibe geschliffen. Der zurückgelegte Schleifweg beträgt 0,69 m/sek. Die Belastung des Probekörpers geschieht mit einem 5-kg-Gewicht an einer Hebelübersetzung 1 : 5, so daß der Probewürfel von 50 cm² Fläche (= 7,07 cm Kantenlänge) einen Druck von 0,5 kg/cm² erhält. Nach 22 Umdrehungen der Schleifscheibe schaltet sich die Maschine selbsttätig aus und wird nach neuer Schmirgelaufgabe durch einen Hebel am Zählrad wieder in Gang gesetzt. Nach je 110 Umdrehungen wird der Probekörper um 90° gedreht, und nach 440 Umdrehungen ist der Versuch beendet.

Für die Härteprüfung feuerfester Steine kann der von der Firma Carl Zeiss, Jena, während der Heidelberger Ver-

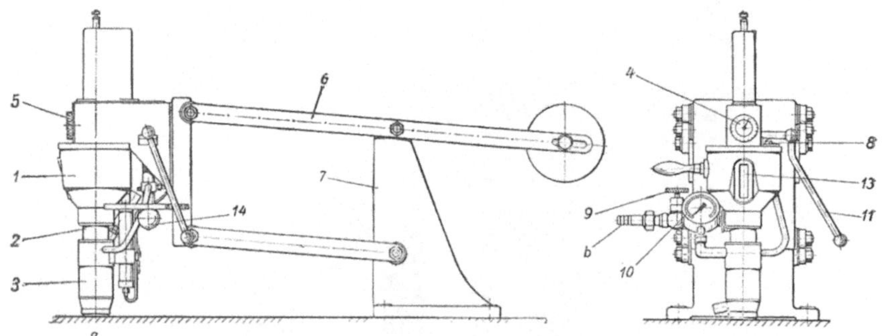

Abb. 56. Zeissscher Härteprüfer nach Mackensen.

sammlung der Deutschen Keramischen Gesellschaft (Ende September 1929) gezeigte und von Schuchardt & Schütte A.-G., Berlin C 2, Spandauer Str. 28, zu beziehender Härteprüfer nach Professor Dr.-Ing. Mackensen benutzt werden. Seine Wirkungsweise beruht auf der Änderung der Oberfläche eines Prüfkörpers durch die Wirkung des Sandstrahles. Der Apparat ist in der Abb. 56 dargestellt.

Der Vorratsbehälter dient zur Aufnahme einer für 15—20 Versuche ausreichenden Sandmenge. Für jede Prüfung wird aus diesem Behälter ein darunter angeordneter kleiner Behälter 2 mit etwa 48 cm³ Sand gefüllt. An diesen Meßbehälter schließt sich das Blasrohr 3 an, durch das die Meßnadel tritt, die mit ihrem unteren Ende die anzublasende Stelle a der Schleifscheibe berührt. Der Abstand des Meßnadelendes von den festen Anschlägen, mit dem sich der Härteprüfer auf die zu prüfende Schleifscheibe stützt, wird an der Meßuhr *4* angezeigt, deren Teilung durch Drehen des Ringes *5* einstellbar ist. Die gesamte Vorrichtung ist mittels eines Gelenkparallelogramms *6* an dem feststehenden Träger *7* aufgehängt.

Die Zuführung der Druckluft erfolgt bei *b* mit 3 atü, der durch die Regelschraube *9* einstellbare Druck wird von dem Manometer *10* abgelesen. Zur Steuerung von Luft, Sand und Meßnadel dient der Hebel *11*. Durch diesen wird zunächst die Druckluft eingeschaltet, die Meßnadel verschwindet gleichzeitig nach oben aus dem Blasrohr, der Vorratsbehälter wird von dem Meßbehälter *2* abgesperrt und dieser mit dem Blasrohr *3* verbunden. Nachdem der Inhalt des Meßbehälters durch das Blasrohr auf die zu untersuchende Stelle des Prüfkörpers abgeblasen ist (in etwa 6 Sekunden), zeigt nach Loslassen des Hebels die Teilung der Meßuhr die Tiefe des eingeblasenen Loches an, wenn vor dem Blasen die Teilung durch Drehen nach dem Zeiger genau auf Null eingestellt war.

Der Sand (am besten Normalsand II von etwa 0,8 mm Korngröße) wird bei *8* eingefüllt. Zur Prüfung der Inhaltsmenge im Vorratsbehälter dient ein Schauglas *13*. Um alle in der Druckluft befindlichen Unsauberkeiten aufzufangen, ist eine Siebanlage *14* eingebaut. Die Luft durchströmt hierbei erst ein grobes, dann ein feines Sieb.

Zur Härteprüfung kann schließlich auch die bereits im Abschnitt 18 erwähnte Amslersche, gleichzeitig für Druckversuche eingerichtete Biegemaschine herangezogen werden, die bei Härteprüfung nach dem Kugeldruckverfahren arbeitet. Diese Maschine ist mit einer Kugel von 17,5 mm $\varnothing$ versehen, die man mit einer Kraft von 500 kg in den Probekörper eindrückt und 1 Minute lang unter Druck einwirken läßt. Näheres hierüber siehe „Meßtechnik" VI (1930) Heft 1, S. 24/25. Lieferfirma Alfred J. Amsler & Co., Schaffhausen, Schweiz.

Eine elegantere Apparatur, die es gestattet, den Gewichtsverlust der feuerfesten Steine durch Abrieb beim Hin- und Herbewegen von aufeinander gestellten Versuchsstücken auch im Feuer zu ermitteln, ist von C. Hancock u. W. King (Imperial College of Science and Technology, South Kensington) in Trans. Cer. Soc. (England) XXII (1922/23), S. 317—322 und British Clayw. Nr. 376 vom August 1923 (Ref.: St. u. E. 1924, S. 179) beschrieben. Der Apparat besteht aus einem langen, in der Mitte verbundenen Metallarm, dessen eines Ende mit einem durch elektrischen Motor getriebenen Exzenter verbunden ist. Das andere Ende ist mit einer kleinen Metallklammer zum Festhalten des Probekörpers versehen. Der Metallarm gleitet durch zwei Reihen Führungen, von denen je eine an jeder Seite der Verbindungsstelle liegt, so daß eine ständige horizontale Bewegung gewährleistet ist. Der Versuchskörper in der Klammer bewegt sich über einem unbeweglichen Block aus demselben oder einem andern Material so hin und her, daß die gegenseitige Abnutzung zwischen zwei Flächen ermittelt werden kann. Der Exzenter ist so eingestellt, daß der Lauf nach jeder Seite der zentralen Stellung hin der gleiche ist. Durch Belastung des Armes kann der Druck gesteigert werden. Ferner kann der Apparat so aufgestellt werden, daß der unbewegliche Block und das bewegliche Versuchsstück in einen Ofen hineinragen, so daß eine Prüfung bei hohen Temperaturen ermöglicht wird. Weitere Auskünfte sind zweckmäßigerweise beim „Imperial College of Science and Technology, South Kensington S.W. 7" einzuholen.

20. Chemische Einflüsse (Gase, Dämpfe, Schlacken und Flüsse).

Fertige Apparaturen gibt es für Bestimmungen dieser Art im Handel noch nicht, was bei der Verschiedenheit der angewandten Methoden auch nicht verwunderlich ist. An manchen Stellen werden die erforderlichen Apparate je nach dem gewöhnlichen Untersuchungsverfahren von den betreffenden Chemikern selbst zusammengestellt. Kieffer brachte auf meine Anregung hin in der „Meßtechnik" 4 (1928), Heft 10, S. 275 u. a. die folgende (S. 95—97, mit Ausnahme der Ausführungen über die Eintauchmethode nach Rose) Übersicht über die aus der Literatur bekannt gewordenen Methoden zur Feststellung der Angriffswirkung von Gasen und Schlacken (nebst Quellen) an:

a) Gase. Eine Versuchseinrichtung zur Bestimmung der Zerstörbarkeit feuerfester Steine durch Kohlenoxyd wird von O'Harra und Darby[1]) angegeben. Mit dem gleichen Thema befaßten sich Nesbitt und Bell[2]). Phelps[3]) setzte verschiedene Sorten von feuerfesten Steinen bei 950° C einem

---

[1]) J. Amer. Cer. Sos. 1923, Nr. 8, S. 904.
[2]) Year Book Am. Iron Steel Inst. 1923, S. 216 (ref. St. u. E. 1924, Nr. 11, S. 290).
[3]) Am. Refr. Inst. Bull. 1927 (ref. Chem. Fabr. 1928, Nr. 9, S. 106).

Strom von Schwefeldioxyd, Kohlenoxyd und Chlorgas aus und prüfte anschließend die Veränderung in der Bruchfestigkeit des Materials infolge der Gaseinwirkung. Eine zweckmäßige Versuchsanordnung zur Feststellung der Einwirkung von Kohlenoxyd und Methan auf feuerfeste Stoffe gibt Steinhoff in der Tonind.-Ztg. 1927, Heft 59, S. 1047 an.

b) Schlacken. Die einzelnen Methoden können im nachstehenden nach vier Verfahrensarten zusammengefaßt werden:

1. Kegelschmelzpunktmethode: Bei dieser Methode, die an sich schon seit langem bekannt ist, wird eine Mischung aus dem zu prüfenden feuerfesten Stoff und Schlacke hergestellt, zu Kegeln verformt und in gleicher Weise wie bei der gewöhnlichen Kegelschmelzpunktbestimmung im Vergleich zu Normalkegeln niedergeschmolzen. Howe[1]) gibt nach eingehenden Vergleichsversuchen dieser Methode den Vorzug vor der Ring- oder Höhlungsmethode (siehe weiter unten). Howe führt dann später gemeinsam mit Phelps und Ferguson[2]) Untersuchungen an verschiedenen Materialien nach der Kegelmethode durch, wobei die verschiedensten Mischungsverhältnisse zur Anwendung kamen. Das Verfahren von Howe, Phelps und Ferguson wurde dann von einer ganzen Reihe von amerikanischen Forschern teilweise mit geringfügigen Abänderungen zu Untersuchungen benutzt. In ähnlicher Weise ging in Deutschland Illgen[3]) bei der Untersuchung des Einflusses von Gichtgasstaub auf Schamottematerial vor. Hewitt[4]) mißt der Kegelschmelzmethode auf Grund seiner kritischen Untersuchungen im Gegensatz zu obigen Autoren nur beschränkte Brauchbarkeit zu.

2. Höhlungsmethode (Tiegelmethode): Schon in der Vorkriegszeit wurde von Hirsch u. a. versucht, die Schlackenwiderstandsfähigkeit dadurch zu bestimmen, daß man in eine Höhlung des Steines oder in einen auf dem Stein aufgesetzten Ring Schlacke brachte und deren zerstörende Wirkung beim Schmelzen beobachtete. Eine während des Krieges von Nesbitt und Bell[5]) ausgearbeitete Durchführungsart der Methode wurde von der A. S. T. M. versuchsweise als Stan-

---

[1]) J. Amer. Cer. Soc. 1923, Nr. 2, S. 467 (ref. Tonind.-Ztg. 1923, Nr. 62, S. 491).

[2]) J. Amer. Cer. Soc. 1923, Nr. 4, S. 589 (ref. Tonind.-Ztg. 1923, Nr. 62, S. 491 und St. u. E. 1924, 1, Heft 1, S. 16—17).

[3]) Ber. D. Ker. Ges. 1926, Nr. 1, S. 32.

[4]) J. Amer. Cer. Soc. 1926, Nr. 9, S. 575 (Auszug von Steger, Feuerfest-Ofenbau 1927. Nr. 6, S. 96).

[5]) Proc. A. S. T. M. 1916, S. 350.

dardmethode vorgeschlagen. Sie vermochte sich jedoch nicht allgemein einzubürgern und wurde in U. S. A. zugunsten der Kegelschmelzpunktmethode wieder verlassen. Arbeiten von Peters[1]), Hirsch[2]), Miehr, Kratzert und Immke[3]) befassen sich mit dem gleichen Verfahren. Miehr, Kratzert und Immke geben daneben ein Verfahren zur Ausmessung der Schlackeneinwirkung an. Unter diese Verfahrensart sind auch die Versuche von Salmang[4]) und Bartsch[5]) (letzterer über Hafenauflösung durch Glas) zu rechnen, die ihre Untersuchungen nicht an Steinen, sondern in starkwandigen Tiegeln durchführen.

3. Eintauchmethode: Rose[6]) prüft die Schlackeneinwirkung durch Eintauchen zylindrischer Stäbe aus dem zu prüfenden Material in ein Bad (Tiegel) von geschmolzener Schlacke. Nach seinen Feststellungen wird die Prüfung beschleunigt, wenn die Probe während des Versuches rotiert. Die Abnahme der Dicke des Versuchsstabes nach dem erfolgten Versuch bildet ein Maß für die Zerstörung des Materials. Bezüglich dieser Eintauchmethode erscheint es beachtenswert, darauf hinzuweisen, daß G. Gehlhoff und seine Mitarbeiter nach erfolgtem kritischen Studium vieler vorliegender Methoden (Glastechn. Ber. VI, Dezember 1928, Heft 9, S. 489—531) für die Ermittlung der Widerstandsfähigkeit feuerfester Erzeugnisse gegen schmelzendes Glas eben die Rosesche Methode gewählt und entsprechend modifiziert haben. Ein ausführliches Referat der amerikanischen Originalarbeit befindet sich im Sprechsaal 1924 auf S. 136—137; vgl. ferner T. I. Z. 1924, S. 324. Es ist interessant darauf hinzuweisen, daß ich auf Anfrage eines Konzerns der Feuerfest-Industrie bereits im Februar 1926 in einem Gutachten gerade diese Methode als die beste für den genannten Zweck empfohlen habe. (Vgl. auch Meßtechnik 1926, Heft 7, S. 102.)

4. Aufstreumethode: In den letzten Jahren wurde von verschiedenen Seiten vorgeschlagen, die Schlacke während des Versuches auf den Prüfkörper aufzustreuen. Die ersten diesbezüglichen Versuche dürften von Mellor und Emery[7]) stammen. Sie führten die gepulverte Schlacke durch den

---

[1]) J. Amer. Cer. Soc. 1922, Nr. 4, S. 188.
[2]) Tonind.-Ztg. 1923, Nr. 20, S. 152.
[3]) Tonind.-Ztg. 1927, Nr. 9, S. 121.
[4]) St. u. E. 1927, Nr. 43, S. 1805.
[5]) Glast. Ber. 1926/27, Nr. 7, S. 260.
[6]) J. Amer. Cer. 1923, Nr. 12, S. 124—147.
[7]) Trans. Cer. Soc. (Engl.) 1918, S. 230.

Brenner in den Gasofen ein, in dem der Prüfling eingesetzt war. In ähnlicher Weise ging später Norton[1]) vor; er führte die Prüfung gleichzeitig an einer ganzen Anzahl von kleinen Würfeln oder Zylindern durch. Geller[2]) baut in dem Versuchsofen eine kleine Kammer aus den zu prüfenden Steinen auf und heizt mit einem Gaspreßluftbrenner; die Schlacke wird durch ein feuerfestes Rohr eingeführt. Hartmann[3]) nimmt das Erhitzen des zylindrischen Probekörpers in einem elektrischen Kohlegrießwiderstandsofen vor und streut die Schlacke von oben durch ein Quarzrohr auf den Körper.

Ausführliche Übersichten über die Verfahren zur Prüfung feuerfester Materialien gegen den Angriff von Schlacke, Flugstaub usw. gaben Dale[4]) und neuerdings Ferguson[5]), letzterer mit sehr eingehenden Literaturangaben. Ein interessanter Laboratoriumsofen zur Vornahme von Schlackenangriffsversuchen wird neuerdings von K. Hursh und Ch. E. Grigsby[6]) beschrieben. Schließlich sei noch erwähnt, daß das Glas- und Tonforschungslaboratorium der Techn. Hochschule Karlsruhe eine Methode zur Bestimmung des Angriffes von Glasflüssen auf feuerfesten Materialien ausgearbeitet hat, die, soweit mir bekannt ist, demnächst veröffentlicht wird.

In Deutschland sind die verbreitetsten Schlackenprüfmethoden diejenigen nach Hartmann[7]) (Tiegelmethode) und nach Miehr[8]) (Aufstreumethode) Im übrigen vgl. diesbezügliche Normblattentwürfe. Einer privaten Mitteilung zufolge sollen in dem demnächst zu veröffentlichenden Normenentwurf E 1069 diese beiden Verschlackungsbeständigkeitsprüfungen (VBA — Prüfung nach dem Aufstreuverfahren und VBT — nach dem Tiegelverfahren) aufgenommen werden.

Bezüglich der Messung der zersetzenden Eigenschaften der Flugasche sei an dieser Stelle nochmals auf die Seiten 232 bis 233 meines Buches „Schamotte und Silika" verwiesen.

---

[1]) J. Amer. Cer. Soc. 1924, Nr. 8, S. 599.

[2]) Bur. of Stand. Techn. Paper 1925, Nr. 279.

[3]) Ber. Werkst.-Aussch. d. D. Eisenh. Nr. 81 und Ber. D. Ker. Ges. 9 (1928), Heft 1, S. 1—15.

[4]) Trans. Cer. Soc. (Engl.) 1925/26, Teil IV, S. 326 (Auszug von Steger, Feuerfest-Ofenbau 1927, Nr. 11, S. 178 und Referat in Sprechsaal 1927, Nr. 48, S. 899).

[5]) J. Amer. Cer. Soc. 1928, Nr. 2, S. 90.

[6]) Univ. of Illinois Bull. Vol. XXVI, Nr. 5.

[7]) Ber. Werkstoffaussch. V. D. Eisenh. Nr. 81 und Ber. D. Ker. Ges. 9 (1928), Heft 1, S. 1—15.

[8]) Tonind.-Ztg. 1927, Nr. 9, S. 121.

21. Elektrischer Widerstand.

Die Verwendung elektrischer Energie in der Industrie als Heizquelle nimmt immer mehr zu. Insbesondere nehmen elektrische Öfen in der metallurgischen Industrie an Verbreitung zu. Zu den Anforderungen, die an das Baumaterial dieser Öfen gestellt werden, gehört ein großer elektrischer Widerstand bei hohen Temperaturen. Auch für die Bestimmung des elektrischen Widerstandes gibt es noch keine fertigen Apparaturen. Vielmehr handelt es sich hier um Apparatezusammenstellungen, Schaltungen usw., die nach vorliegenden Veröffentlichungen sehr verschiedenartig sind.

A. Henry[1]) hat zur Ermittlung des elektrischen Widerstandes feuerfester Erzeugnisse bei einer zunehmenden Temperatur bis 1500° C das Versuchsmaterial in einen elektrisch geheizten Röhrenofen eingehängt, dessen Temperatur mittels eines Platin-Platinrodium-Thermoelements gemessen wurde. Der Heizkörper des Ofens bestand aus einem Alundum-Kern von 3 Zoll Durchmesser und 12 Zoll Länge, der mit einem Molybdändraht von 0,075 Zoll Durchmesser umwunden und in Alundumzement eingebettet war. Der Innenraum des Ofens war durch einen Stahlmantel begrenzt und mit totgebranntem Magnesit gedichtet. Um Oxydation des Molybdändrahtes zu verhindern, wurde in Stickstoffatmosphäre gearbeitet. Zur Herstellung der Versuchsstücke wurde das feuerfeste Material zu Ziegeln gepreßt. Der elektrische Widerstand wurde in bekannter Weise mit Hilfe der Weatstoneschen Brücke gemessen.

Die Physikalisch-Technische Reichsanstalt wendet eine Methode an, die auf S. 455 des Singerschen Buches „Die Keramik im Dienste der Volkswirtschaft" beschrieben ist. Nach dieser Methode ermittelt die Reichsanstalt den spezifischen Widerstand keramischer Massen auch bei hohen Temperaturen. Die für die Messungen verwandten Probekörper sind Rohre von etwa 15 cm Länge, 4 cm äußeren Durchmesser und etwa 0,5 cm Wandstärke, auf die durch Bespritzen die in dem Singerschen Buch beschriebene Elektrodenanordnung aufgebracht wird. Die Erwärmung der Rohre erfolgt in einem Heizofen, dessen Schamotterohr gerade die passende Weite zur Aufnahme der Probekörper besitzt.

---

[1]) J. Amer. Cer. Soc. 1924, Heft 7, S. 764—782; Ref. Tonind.-Ztg. 1925, Heft 57, S. 779.

Am interessantesten und vollkommensten scheint die Apparatur mit einem Kryptolofen zu sein, die zur Ermittlung des elektrischen Widerstandes feuerfester Materialien in Abhängigkeit von Temperatur von Prof. E. Diepschlag und Dr. F. Wulfestig konstruiert wurde. Diese ist ausführlich in Advance Copy N. 3 vom September 1929 des Iron and Steel Institute beschrieben und in „Stahl und Eisen" 1929, Heft 50, auf S. 807, kurz referiert worden. Ein ausführlicheres Autoreferat wird voraussichtlich in „Feuerfest-Ofenbau" 1930 erscheinen.

Eine einfache Methode zur Ermittlung des elektrischen Widerstandes keramischer Stoffe bei höheren Temperaturen beschreibt R. M. King im Journ. of the Am. Cer. Soc. IX, Nr. 6, Juni 1926, S. 343—350; ein ausführliches Referat dieser Arbeit befindet sich in der „Meßtechnik" II (1926), Heft 15, S. 355—357.

22. Verschiedenes.

Über den Einfluß der Wasserstoff-Ionen-Konzentration auf verformbare Massen berichtet J. Robitschek in der Ker. R. 1928, Heft 45 und 46, S. 839—841 und 859—860. Seinen Ausführungen liegt die Tatsache zugrunde, daß die bei der Erzeugung feuerfester Erzeugnisse eintretenden recht komplizierten Vorgänge bisher zum großen Teil noch nicht aufgeklärt sind. Besonders dem Studium der Eigenschaften des Anmachewassers wurde nicht die nötige Aufmerksamkeit entgegengebracht. Beim Mauken der Tone handelt es sich aber um kolloidchemische Vorgänge in den kolloiden wässerigen Lösungen, so daß die Plastizität und die Verarbeitbarkeit von Tonen sicherlich durch die Anwesenheit geringer Mengen von Elektrolyten bedingt werden. Besonders wichtig ist die Rolle der Reaktion bei den in der Feuerfest-Industrie angewandten Gieß- und Verflüssigungsverfahren. Deshalb gehört die Prüfung der Wasserstoff-Ionen-Konzentration ebenfalls zu den Aufgaben der Feuerfest-Keramiker. Ohne auf die nähere Schilderung der Verfahren und Apparate für diesen Zweck einzugehen, begnüge ich mich an dieser Stelle mit dem Hinweis auf die bekanntesten Konstruktionen, die entweder auf potentiometrischem oder auf kolorimetrischem Prinzip beruhen. Näheres finden die Leser in den ausgezeichneten Druckschriften der einschlägigen Firmen, besonders in den Druckschriften 302—304 (reichhaltige Literaturangaben) der Firma

F. und M. Lautenschläger, G. m. b. H., München 2, SW 6, sowie in der ebenfalls sehr lesenswerten, unter dem Titel „Die elektrometrische p_H-Messung" von der Firma Ströhlein & Co., Düsseldorf 39, Aderstr. 93 herausgegebenen Broschüre. Die neuerdings von Ströhlein in den Handel gebrachte elektrometrische p_H-Meßeinrichtung trägt dem neuesten Stande dieses Zweiges der Meßtechnik insofern Rechnung, als im Gegensatz zu den bisher in Deutschland üblichen, nur in der Hand erfahrener Arbeiter brauchbaren Apparaturen, die Anordnung nach Thrun und Tödt eine Verkürzung der Meßdauer auf den zehnten bis hundertsten Teil ermöglicht und vor allem auch in der Hand ungeübter

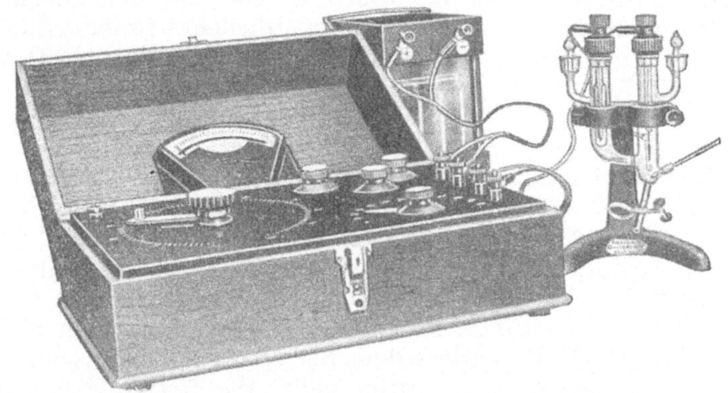

Abb. 57. Elektrometrische p_H-Meßeinrichtung nach Thrun und Tödt (Ströhlein & Co., G. m. b. H., Düsseldorf).

Arbeitskräfte genaueste Messungen (0,003 p_H) gewährleistet. Diese Einrichtung ist in der Abb. 57 gezeigt. Über die Arbeitsweise der Apparatur unterrichtet ausführlich die vorhin erwähnte Ströhleinsche Broschüre.

Die Firma Ernst Leitz, Wetzlar, liefert ein Präzisionskolorimeter, das neben den üblichen Methoden (Titan-, Eisen-, Manganbestimmungen) ganz besonders zur exakten Bestimmung der Wasserstoffionenkonzentration geeignet ist. Spezialliteratur hierüber siehe: Kolthoff, Der Gebrauch der Farbenindikatoren. Verlag Jul. Springer, Berlin, 3. Auflage.

Einen geeigneten Apparat zum Studium der Sintervorgänge[1]) in feuerfesten Massen, der Umwandlungs-

---

[1]) Endell, Zur Erforschung des Sintervorganges. Vortrag, gehalten vor der Gesellschaft Deutscher Metallhütten- und Bergleute in Berlin am 21. Januar 1921.

erscheinungen in Quarzen und Silikasteinen usw., bildet das **Erhitzungsmikroskop** nach **Endell**, geliefert von der Firma **Ernst Leitz, Wetzlar**. Diese Einrichtung besteht aus einer optischen Bank mit einer darauf montierten Liliputbogenlampe mit Beleuchtungslinse, Kollimator mit Irisblende, Polarisatorvorrichtung, elektrischem Ofen und Mikroskop mit synchroner Nikolführung (vgl. Abb. 58) und gestattet die unmittelbare Beobachtung chemischer und physikalischer Vorgänge bei **höheren Temperaturen** im durchfallenden oder auffallenden, natürlichen oder polarisierten Licht. Die gewünschten Vergrößerungen er-

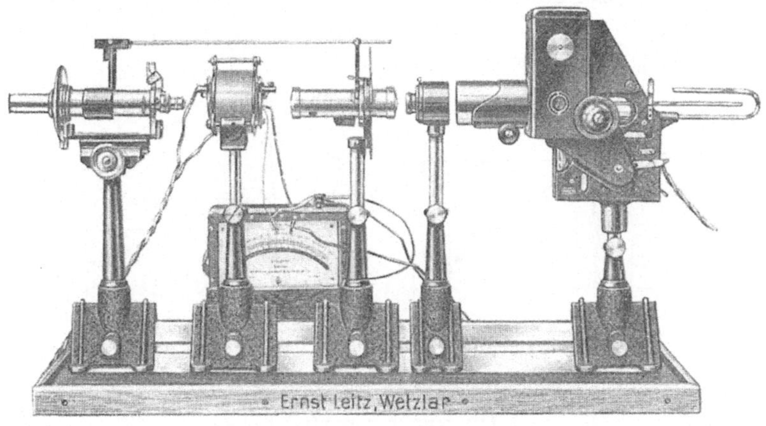

Abb. 58. Erhitzungsmikroskop nach **Endell**.

geben sich aus verschiedenen Kombinationen der Objektive und Okulare und können zwischen 16- und 120fachen variiert werden. Der Ofen kann mit Gleich- oder Wechselstrom betrieben werden. Da der Widerstand des Ofens 0,7 Ohm beträgt, ist die Einschaltung eines regulierbaren Widerstandes zwischen Ofen und Netzleitung erforderlich. Die Anfangsstromstärke darf 3 Ampére nicht übersteigen. Der Ofen darf nur sehr langsam angeheizt werden, da sonst die Porzellanrohre springen. Erst von beginnender Rotglut an darf die Heizung in schnellerem Tempo erfolgen. Höchsttemperatur für längere Benutzung ist 1200° C. Temperaturen zwischen 1200° und 1400° dürfen nur für kürzere Zeiten innegehalten werden. Bei Dauerbelastung in diesem Temperaturbereich kann sehr bald Zerstörung des Ofens infolge

Zerstäubung des Platins auftreten. Die Höchsttemperatur von 1450° darf nie überschritten werden. Eine gleichmäßige Temperatur herrscht auf einer Länge von etwa 1,5 cm in der Mitte des Ofens.

Zum Studium der Umwandlungserscheinungen in Silikasteinen sind ferner selbstredend auch Apparate zur Ermittlung der Wärmeausdehnung geeignet. In der Abb. 59 sind z. B. 2 Kurven von Silikasteinen gezeigt, die aus gleichen, jedoch verschieden gebrannten Quarziten hergestellt waren. Die Kurven sind mit dem im Abschnitt 14 beschriebenen Dilatometer nach Chevenard aufgenommen worden. Der Grad des Brennens und somit der Umwandlung wird nach

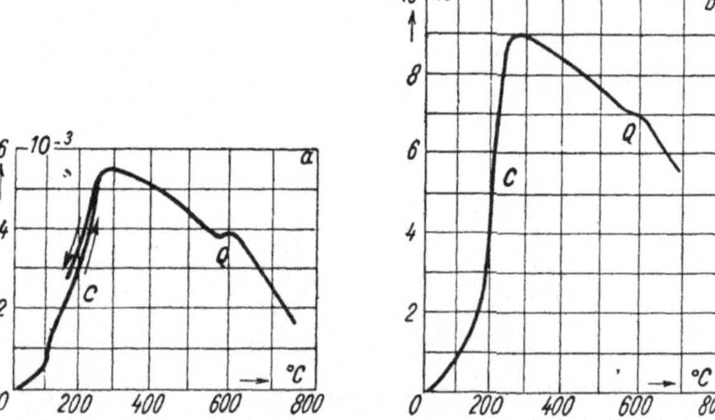

Abb. 59. Ausdehnungskurven von Silikasteinen, aufgenommen mit dem Dilatometer nach Abb. 47.

der Stärke des Knickes C geschätzt, welcher charakteristisch für die Bildung von Kristobalit in Abhängigkeit von Quarzit ist. Die linke Kurve zeigt, daß die Umwandlung von Quarzit in Kristobalit unvollkommen erfolgte; der Stein war also zu schwach gebrannt. Aus der rechten Kurve sieht man, daß der Stein besser gebrannt wurde und auch eine vollständigere Umwandlung erfolgte.

Man kann übrigens den Grad der Umwandlung der Kieselsäure in Silikasteinen mit einer für Betriebszwecke hinreichenden Genauigkeit feststellen, wenn man das wahre spezifische Gewicht des gebrannten Steines, d. h. der Steinsubstanz selbst, ohne die darin enthaltenen Poren, bestimmt. Die Bestimmung erfolgt gemäß den Normenvorschriften (DIN 1065) im Pyknometer. Für die Betriebskontrolle, wo es auf rasche Durchführung einer Reihe von Bestimmungen ankommt, ist der bereits in Abschnitt 9 erwähnte Apparat von Kühn vorzuziehen. Ferner ist an manchen Orten für diesen Zweck auch ein von der Firma H. Koppers A.-G. in Essen entwickeltes mit Petroleum oder Schwerbenzol gefülltes Volumenometer im Gebrauch (Abb. 60). Bei stark variierendem Eisenoxydgehalt der Steine ist aber das Verfahren weniger genau. Daß die Mikrophotographie, Dilatometrie oder der Dünnschliff einen genaueren Aufschluß über den Umwandlungsgrad der Silikasteine gibt, ist ja selbstverständlich. Neuerdings wird hierfür, wie es scheint mit Erfolg, die Röntgenographie herangezogen. Näheres darüber siehe Abschnitt 8.

Zu den Verfahren, denen in der letzten Zeit Interesse entgegengebracht wird, gehört auch das sogenannte Anfärbeverfahren. Es beruht nach Steinhoff[1] darauf, daß die Widerstandsfähigkeit der in feuerfesten Steinen vorhandenen Mineralteilchen gegen den Angriff einer Säure, am besten verdünnte Flußsäure oder auch (nach Steinhoff und Hartmann, Werkstoffausschußbericht Nr. 49) mit Salzsäure, als Maßstab für ihre chemische Zusammensetzung und ihre Wärmevergangenheit genommen wird. So ist es z. B. möglich, über den im Fabrikationsgang angewandten Masseversatz Aufschluß zu erhalten und außerdem die Brennhöhe der Steine mit großer Annäherung festzustellen. Das Verfahren liefert vor allem bei Schamottesteinen

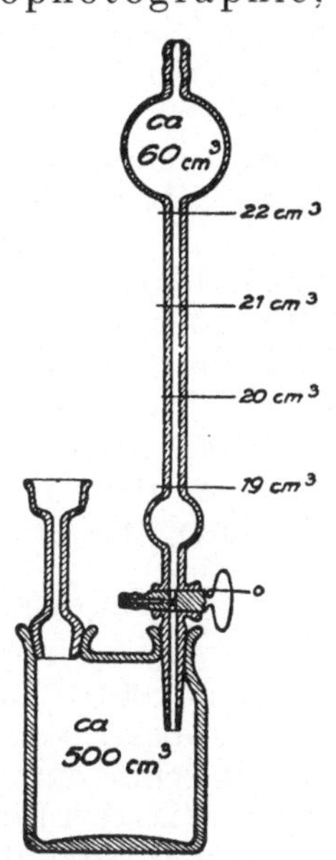

Abb. 60. Betriebsapparatur zur Bestimmung des spezifischen Gewichtes von Steinen DRGM.

wichtige Einblicke, die bisher durch andere Prüfverfahren nicht gewonnen werden konnten. Als besonderer Vorteil ist die schnelle und einfache Ausführung des Verfahrens hervorzuheben. Man ätzt das zu untersuchende Steinstück fünf Minuten mit 10prozentiger Handels-Flußsäure, wässert nach der Säurebehandlung zehn Minuten in fließendem Wasser und läßt dann eine halbe Stunde besonders geeignete organische Farbstoffe, wie Diamin-reinblau, einwirken. Im übrigen

---

[1] Tonind.-Ztg. 1927, S. 1047.

ist auseinander zu halten, daß es zwei Anfärbeverfahren gibt: a) nach Steinhoff und Hartmann, Angriff mit Salzsäure (Werkstoffausschußbericht Nr. 49) und nach Steinhoff, Angriff mit Flußsäure (Werkstoffausschußbericht Nr. 76). Beide werden ausgeübt und lassen Verschiedenes erschließen. Vgl. auch einen Aufsatz von Rieke und Wiese in den Ber. D. Ker. Ges. 9 (1928), Heft 3, S. 109—155 (reichhaltige Literaturangaben).

Die Julienhütte, Bobrek, wendet dieses Verfahren schon seit ein paar Jahren an. Die Farben hierfür (diamin-grün und diamin-reinblau) werden von Leopold Kasella in Frankfurt a. Main bezogen.

Dr. Knuth macht in den Ber. D. Ker. Ges. 1929, Nr. 1, S. 35, darauf aufmerksam, daß eine Fabrik feuerfester Steine ihre Tone mit Hilfe der Ultraviolettlampe untersucht und hierbei sehr deutlich Tonstücke mit höherem und niederem Eisenoxydgehalt voneinander unterscheiden kann. Es handelt sich hierbei um die sog. „Analysen-Quarzlampen“, die von der Quarzglas-Gesellschaft m. b. H., Hanau, Postfach 91, hergestellt werden.

23. Hilfsgeräte (Sägen, Bohrmaschinen, Dünnschliffapparate und Pyrometer).

Eine Säge- und Fräsmaschine zum Herausschneiden von Probekörpern aus feuerfesten Steinen, wie dieselbe von der Maschinenfabrik Emil Offenbacher A.-G. in Marktredwitz (Bayern) an viele Versuchsanstalten, Materialprüfungsämter und Laboratorien geliefert wurde, ist in Abb. 61 gezeigt. Die Maschine besteht aus einem kräftigen, gußeisernen Ständer, an dem sich ein in der Höhe verstellbarer Support befindet, der den Sägearm mit in Kugellagern gelagerter Sägewelle trägt. Die vertikale Verstellbarkeit ist 350 mm, die horizontale Verschiebbarkeit 400 mm und die horizontale Gesamtausladung 600 mm. Die Maschine wird in zwei verschiedenen Ausführungen gebaut, und zwar für direkte Kupplung mit einem Elektromotor, bzw. für Antrieb durch Riemen mittels eines Trommelvorgeleges. Zur Maschine gehören eine Schleifwalze aus Silizium-Karbid und ein Sägeblatt aus Stahlkern mit Silizium-Karbid-Belag.

Eine andere Bauart ist in der Abb. 62 gezeigt. Es handelt sich hier um eine Siliziumkarbid- und Diamant-Kreissäge vom Eisenwerk Hensel in Bayreuth, die ebenfalls in vielen Versuchsanstalten (z. B. zum Durchsägen von Probekörpern bei den Verschlackungsversuchen nach der Höhlungsmethode usw.) im Gebrauch ist. Die Maschine gestattet sowohl mit Siliziumkarbid belegte Stahlscheiben, als auch mit Diamant besetzte Sägeblätter zu verwenden. Sie ist nur mit einem Tisch für Handvorschub ausgestaltet, hat jedoch Quersupport, so daß eine parallele Verschiebung und parallele Schnitte möglich sind. Es besteht auch die Möglichkeit, hier an Stelle des Sägeblatts eine Schurscheibe aufzusetzen, um auch kleine Schleifarbeiten ausführen zu können. Der Kraftverbrauch beträgt 7,5 PS, Umdrehungsanzahl 1450 in der Minute bei einem Sägeblattdurchmesser bis zu 600 mm.

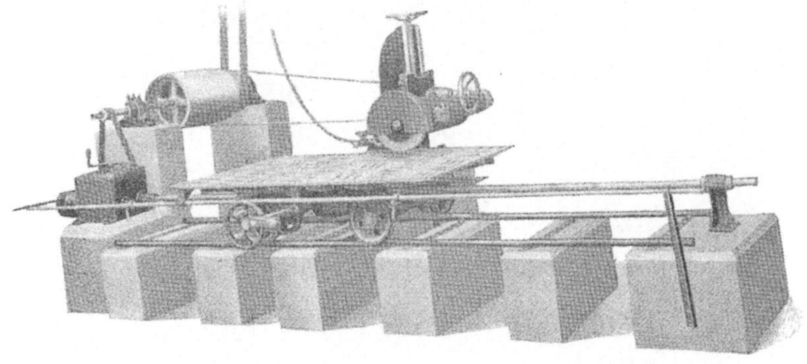

Abb. 61. Säge- und Fräsmaschine zum Herausschneiden von Probekörpern aus feuerfesten Steinen.

Gute Erfahrungen mit der von der Firma Paul Rauh in Landwehr b. Solingen gelieferten Siliziumkarbidscheibe zum Sägen von feuerfesten Steinen hat das Laboratorium der Firma Hiby & Schroer A.-G. in Bergisch-Gladbach gemacht. Die Sägescheibe besteht aus einem Stahlkern, auf den amerikanisches Siliziumkarbid nach einem besonderen Verfahren aufgepreßt ist. Die abschleifbare Höhe beträgt $2^1/_2$—3 cm; die Tourenzahl schwankt je nach dem Scheibendurchmesser zwischen 1000 und 3000.

Die Bauart der doppelten Steinkreissäge des Chemischen Laboratoriums für Tonindustrie, Berlin NW 21, Dreysestraße 4, ist aus der Abb. 63 ersichtlich und ohne weiteres verständlich. Das Schneiden geschieht auch hier mit dünnen Eisensägeblättern mit Diamantstaub bzw. mit Schmirgelsägen.

Zur Herstellung von zylindrischen Probekörpern (besonders für Druckerweichungsversuche in der Hitze, sowie für Nachschwinden und Nachwachsen) bedient man sich spezieller Bohrmaschinen mit Diamantbohrern. Eine solche Säulenbohrmaschine ist in der Abb. 64 gezeigt. Die Maschine kann statt mit Riemenantrieb über Fest- und Losscheibe auch mit elektrischem Einzelantrieb ausgerüstet

Abb. 62. Siliziumkarbid- und Diamant-Kreissäge.

werden. Es kann jeder beliebige Motor (Dreh-, Gleich- oder Wechselstrom) mit Zubehör benutzt werden, sofern er die entsprechende Leistung aufweist, doch sind Motoren von 1400—1500 Umdrehungen in der Minute als die gebräuchlichsten zugrunde gelegt. Als Übertragungsmittel ist der Riemenantrieb mit Spannrolle gewählt. Dieses ist die billigste und einfachste, dabei solideste und geräuschloseste Übertragungsart, die wenig Wartung und Aufmerksamkeit erfordert gegenüber den teueren Zahnradübersetzungen und ähnlichen. Zu beziehen ist diese Maschine von Stamm & Co., G. m. b. H., Dortmund, Schwanenwall 55.

Eine andere Bauart solcher Bohrmaschinen ist in der Abb. 65 gezeigt. Es handelt sich hier um eine elektrisch ange-triebene Tisch-Bohrmaschine mit angebautem Elektro-motor für drei Geschwindigkeiten und Morse-Innenkegel zur Aufnahme des Diamant-Hohlbohrers. Die Ausladung be-trägt 190 mm, Bohrtiefe 105 mm, Energieverbrauch etwa 0,42 kW und die Umlaufzahl 350, 545, 860 Minuten. Auf Wunsch wird die Maschine auch mit einem Wasser-Auffang-kasten geliefert, und zwar vom Chemischen Labora-

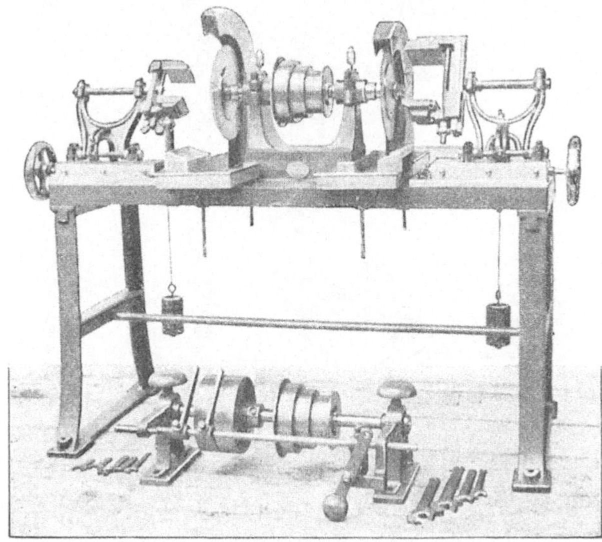

Abb. 63. Doppelte Steinkreissäge.

torium für Tonindustrie G. m. b. H., Berlin NW 21, Dreysestr. 4.

Die neue Konstruktion der EWUS-Bohrmaschine, die von der Firma Ernst Winter & Sohn, Hamburg 19, Eppen-dorferweg 87, geliefert wird, weist mancherlei Vorzüge auf. Es handelt sich hier um eine neue Universalmaschine, die nicht allein zum Bohren, sondern auch zum Sägen und Fräsen von feuer- und säurefesten Steinen benutzt werden kann; das Sägen auf der Bohrmaschine ist zum Patent an-gemeldet worden.

Die Spindel wird unmittelbar durch leicht nachzuspannen-den (vgl. Schraube c in der Abb. 66) Riemen angetrieben.

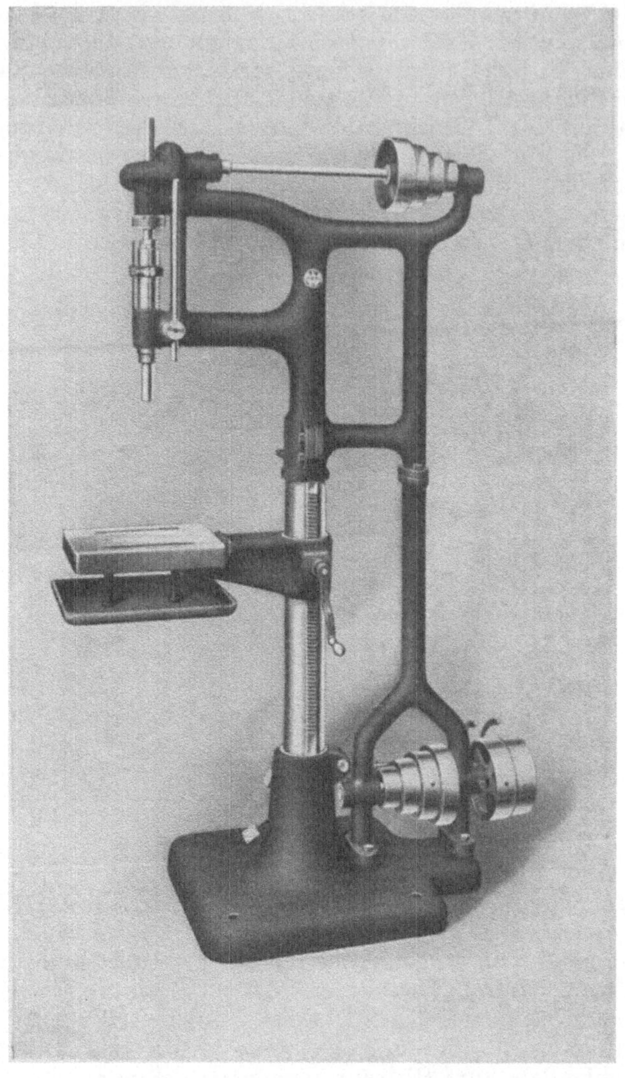

Abb. 64. Steinbohrmaschine.

Die günstigste Wirkung der Maschine ergibt sich bei einer
Tourenzahl von 1400; geringere Geschwindigkeiten (900 oder
500 Touren) kommen nur selten in Frage. Zum Einschalten

des Motors dient (vgl. Abb. 66) der Schalter *b*. Zum Einstellen von bestimmten Bohrtiefen dient die Skala *d*. Die Schraube *e* bewirkt das Festhalten der Bohrspindel, wenn die Maschine zum Fräsen oder zum Sägen gebraucht wird.

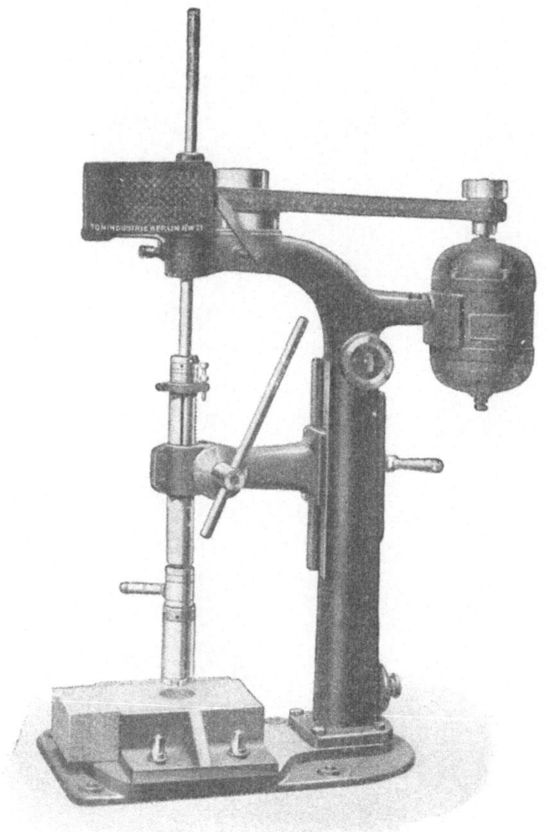

Abb. 65. Bohrmaschine des Tonindustrie-Laboratoriums.

In der Abb. 66 ist die Maschine in Sägestellung gezeigt. An der Welle ist ein Diamantkreissägeblatt *f* befestigt. Auf dem runden Bohrmaschinentisch mit zylindrischen Zapfen befindet sich in einem Sonderschraubstock *g* der abzusägende Prüfkörper. Für Steine von unregelmäßiger Form dient eine einfache Sondervorrichtung. Die Bohrer, Fräser und

Sägeblätter sind mit Schneemann-Diamanten besetzt. Das von diesen Werkzeugen erzeugte Steinmehl wird mit Druckwasser (Wasserleitungsdruck oder Pumpe) beseitigt. An Stelle von Wasser kann gelegentlich auch eine andere Flüssig-

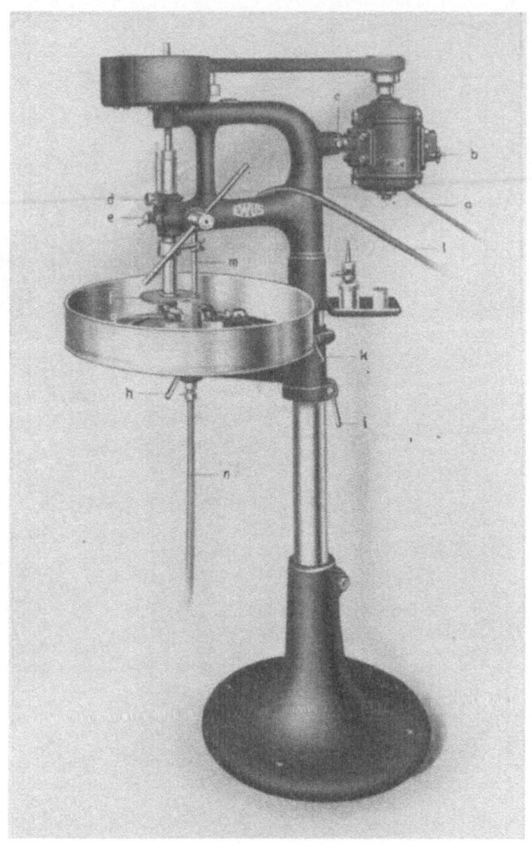

Abb. 66.   EWUS-Universal-Bohrmaschine.

keit verwandt werden. In Ausnahmefällen erscheint es möglich, die flüssige Spülung durch Preßluft zu ersetzen. Beim Bohren bzw. beim Fräsen von Sacklöchern mit einem Stirnfräser gestaltet sich jedoch die Anwendung der Preßluft am schwierigsten. Die Zuführung des Spülwassers erfolgt durch den Wasserschlauch *l*. Der Schlauch wird an die

Druckwasserleitung angeschlossen und beim Sägen über das Messingrohr *m* geschoben. Dieses Rohr ist am unteren Ende mit zwei flachen Rohrdüsen versehen, die das Wasser in der Richtung der Sägeblattdrehung auf das Blatt leiten. Das herausspritzende Wasser wird durch einen aus der Abbildung nicht ersichtlichen, an einer Seite offenen durchsichtigen Zelloidring aufgefangen und in ein Sammelbecken abgeleitet. Aus dem Sammelbecken tritt das Wasser durch den Bohrtisch nach unten aus, wo es durch den Schlauch *n* abgeleitet wird.

Das Bohren geschieht, indem man an Stelle des in der Abb. 66 ersichtlichen Kreissägeblattes eine Wasserspülbüchse mit angeschraubtem Diamanthohlbohrer in der Bohrspindel anbringt. Der Wasserschlauch wird über das seitliche Zufluß-rohr der Spülbüchse geschoben, welche dem Bohrer das Wasser von innen zuführt. Der zu bohrende Stein befindet sich entweder im Schraubstock oder (bei unregelmäßigen Formen) in einer Sonderspannvorrichtung. Der einmal eingespannte Stein kann an mehreren Stellen ohne Umspannung gebohrt werden, da der Tisch ausschwenkbar und drehbar ist. Die gangbarsten Bohrgrößen sind zur Zeit 5 und 2,5 cm im Durchmesser.

Das Sägen geschieht, wie bereits erwähnt, in der gleichen Maschine. Die Sägezeit beträgt nur einen Bruchteil der Zeit, die sonst beim Schleifen benötigt wird. Ein mittelharter Prüfkörper von 5 cm Durchmesser und 6,2 cm Höhe kann auf 5 cm Höhe innerhalb 1 Minute abgesägt werden. Da der Prüfkörper unter Drehung um seine Achse in der Richtung von außen nach innen abgesägt wird, ist mit einseitigem Ausplatzen der Kanten nicht zu rechnen. Mit den gleichen Diamant-Kreissägeblättern kann man auch Würfel aussägen; selbstverständlich lassen sich damit die mit Schlacken angefüllten Probekörper ebenfalls durchsägen. An der Bohrmaschinensäule befindet sich ein Ring mit einem Spannhebel *i*; er gestattet, den Tischträger in beliebiger Höhe zu schwenken. Soll die Maschine zum Bohren benutzt werden, so wird die Schwenkbewegung durch Anziehen des Hebels *k* und die Drehbewegung des Tisches durch Festziehen des Hebels *h* ausgeschaltet.

Was das Fräsen betrifft, so geschieht dasselbe, je nachdem ein Sackloch oder eine Fläche gefräst werden soll, in der gleichen Weise wie das Bohren oder Sägen. Zum Fräsen wird hier ein Diamant-Fräser angewandt; man kann damit Vertiefungen in Steinen für Schlackenangriffsversuche und dergleichen herstellen. Eine besondere Diamant-Fräserkonstruktion dient speziell zur Flächenbearbeitung feuerfester Steine. Die Anwendung des Fräsers ist im allgemeinen dort am Platze, wo die Verwendung von Silizium-Karbidschleifcheiben zeitraubend oder mit großem Verbrauch an Schleifmaterial verbunden ist.

Apparate für die Anfertigung von An- und Dünnschliffen werden nach den Angaben von Prof. Schneiderhöhn von der Firma Dr. Steeg & Reuter, G. m. b. H., Bad Homburg v. d. H. (Postschließfach 44) hergestellt.

Abb. 67. Apparatur zur Herstellung von Dünnschliffen.

Es handelt sich um eine kleine Schleifmaschine (nebst beigefügtem Zubehör), die durch einen 1/10-PS-Motor angetrieben wird und für die vorhandene Stromart und Spannung eingerichtet werden kann (Abb. 67). Die Schleifspindel läuft in Kugellagern, die gegen das Eindringen von Wasser gut abgedichtet sind und nach längerem Gebrauch einen kleinen Nachschub von Fett erhalten können. Das Tropfgefäß besitzt eine Regulierung durch einen von innen her wirkenden vor- und rückwärts schiebbaren Stift. Das Becken ist leicht abnehmbar und besitzt ein Ausflußrohr in einem gewissen Abstand über dem Boden und ist genügend hoch, damit das von den rotierenden Scheiben abspritzende Wasser nicht über den Rand hinaus kann. Der Motor ist so konstruiert, daß er — ohne Beschädigung zu erleiden — durch einen Drehschalter eingeschaltet werden kann. Ein Anlasser hat sich als entbehrlich erwiesen. Eine zweiteilige Stufenscheibe gestattet Umlaufgeschwindigkeiten von etwa 800 und 1800 pro Minute. Eine Riemenspannvorrichtung, die leicht zu betätigen und gelegentlich anzuwenden ist, befindet sich unterhalb des Motors. Der Kraftverbrauch ist gering, so daß die Maschine mittels des dazugehörigen Steckers an eine gewöhnliche Steckdose der Hausleitung, die wie gewöhnlich mit etwa 6 Amp. gesichert ist, angeschlossen werden kann. Die Herstellung von Anschliffen hat Prof. Schneiderhöhn in seinem Buche „Anleitung zur mikroskopischen Bestimmung und Untersuchung von Erzen und Aufbereitungsprodukten" (Selbstverlag der Ges. Deutscher Metallhütten- und Bergleute e. V., Berlin 1922) ausführlich beschrieben.

Es verdient weiter noch die selbsttätige Schleif- und Poliermaschine erwähnt zu werden, die ebenfalls nach Angaben von Prof. Schneiderhöhn von der Firma Dr. Steeg & Reuter, G. m. b. H., Homburg v. d. H. (Postschließfach 44), hergestellt wird. Diese Maschine (vgl. Abb. 68) besitzt dasselbe Zubehör wie die Vorrichtung nach Abb. 67, doch sind die Scheiben größer. Außerdem besitzt die Maschine die Form eines Tisches, an dem man sich beim Schleifen und Polieren, unter Benutzung eines dreibeinigen Schemels bequem setzen kann. Der Rand des Schleifbeckens liegt in einer Ebene mit der Tischfläche, die derart ausgebuchtet ist, daß die Unterarme des Schleifers bequem darauf ruhen können. Auch bei dieser Vorrichtung ist der Kraftverbrauch so gering (0,25 PS), daß der Anschluß an eine gewöhnliche Lichtleitung erfolgen kann. Eine Stufenscheibe für den Antriebsriemen läßt zwei verschiedene Geschwindigkeiten erzielen, und zwar etwa 500 oder etwa 1000 Umläufe der Spindel pro Minute. Der seitlich an der Maschine angebrachte Anlasser für Gleich- und Wechselstrommotore läßt eine weitere Verminderung jeder dieser Umlaufgeschwindigkeiten dieser Spindel um etwa 25% zu, so daß von etwa 400—1000 Umdrehungen in der Minute erreicht werden können. Die Selbsttätigkeit der Maschine kann nötigenfalls durch Ausschalten der Exzenterbewegung aufgehoben werden. Diese Maschine ist besonders für Anschliffe zu verwenden, obwohl hier auch genau so gut wie auf der kleinen, jedoch nicht automatisch arbeitenden Maschine (Abb. 68) Dünnschliffe hergestellt werden können.

Maschinen **anderer Bauart**[1]) zum Herstellen von Dünnschliffen mit Motor-, Fuß- und Handbetrieb stellt die Firma
Voigt & Hochgesang, Göttingen, her. Die gleiche Firma
liefert außerdem auch sämtliches Zubehör, wie Präparier-
lupen, Kanadabalsam (und als Ersatz hierfür Kollolith),

Abb. 68. Automatische Apparatur zur Herstellung von Dünnschliffen.

Anschliffhandpressen, Schleifbretter usw. Ferner fertigt die
Firma von eingesandtem Material auch Dünnschliffe an.

Schleif- und Poliermaschinen zur Herstellung von Dünnschliffen und Anschliffen liefert auch die Firma R. Fuess,

---

[1]) Ich verweise auch auf die Schneide- und Schleifmaschinen der
Firma R. Winkel G. m. b. H., Göttingen, Postschließfach 15
(Druckschrift Nr. 251). Im übrigen vgl. Fußnote auf S. 29.

Berlin-Steglitz; eine kleinere Schneidemaschine, die hauptsächlich zum Zerschneiden kleinerer Stücke, wie sie zur Herstellung von Dünnschliffen gebraucht werden, wird von der gleichen Firma geliefert. Sie gestattet eine Orientierung der Schnitte und besitzt ferner eine mikrometrische Einrichtung zur Herstellung von Parallelschnitten. Das zu schneidende Material ist auf eine Vorrichtung aufzukitten (Wachskitt) und kann mit dieser zusammen um ein in 1/1° geteiltes Bogenstück gedreht werden. Die gesamte Haltevorrichtung ist

Abb. 69. Schleif- und Poliermaschine von Fuess.

ferner um eine horizontale Achse drehbar und kann durch ein verstellbares Gegengewicht gegen die Schneidscheibe gedrückt werden. Die Maschine ist in Abb. 69 gezeigt.

Bei dieser Gelegenheit empfiehlt sich auch das Gebiet der Laboratoriumsmühlen zu erwähnen, die zum Pulverisieren größerer Mengen feuerfester Rohstoffe und Materialien (sowie Schlacke bei Verschlackungsversuchen usw.) in Frage kommen. Aus den verschiedenen bekannten Apparaten dieser Art kann die Retschmühle[1]) (Lieferfirma: F. Kurt

---

[1]) Für kleinere Proben, wie solche z. B. bei der Ausführung der chemischen Analyse in Frage kommen, ist der Apparat nach Abb. 1 zweckmäßiger.

Retsch, Düsseldorf 108) empfohlen werden, die sich durch einfache und solide Konstruktion auszeichnet. Die Mühle ist in der Abb. 70 gezeigt. Das stark beschwerte und exzentrisch angeordnete Pistill drückt auf das Material und führt infolge der durch den Antrieb verursachten kreisförmigen Bewegung der Reibeschale eine Bewegung um die eigene Achse aus, das Pistill wird also durch Friktion in Rotation versetzt. Das Pistill der Mühle kann in einfacher Weise hochgekippt werden, worauf die abnehmbare Reibschale frei auf dem Teller der Maschine steht und bequem entleert und gereinigt

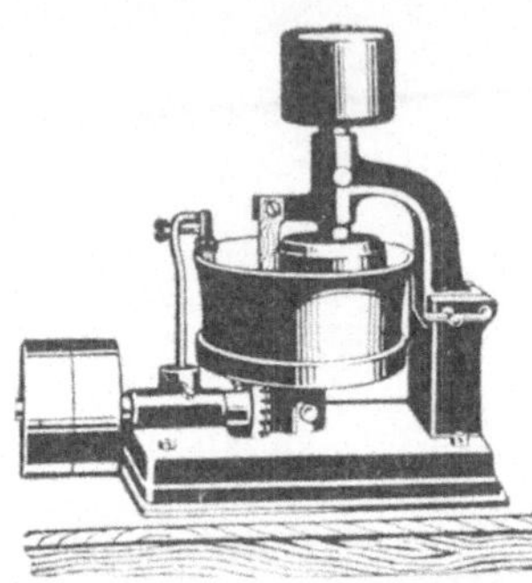

Abb. 70.   Retsch-Pulve-
risiermühle.

werden kann. Um ein Festkleben des Mahlgutes an der Mörserwandung und am Pistill beim Mahlen zu verhindern, besitzen Schale und Pistill je einen Abstreicher. Die Retsch-Mühlen werden in der Regel mit Schale und Pistill aus Hartporzellan geliefert. Diese Ausführung hat den großen Vorzug, daß die Zerkleinerung infolge des günstigen Reibungskoeffizienten sehr rasch vor sich geht. Die Leistung der Mühle ist je nach der Härte des Mahlgutes sehr verschieden. Als Beispiel sei angeführt, daß eine Probe von 500 g eines harten Erzes innerhalb 15 Minuten auf Analysenfeinheit zerkleinert wird, so daß die Probe restlos durch ein Normalsieb mit 5000 bzw. 10000 Maschen pro cm² hindurchgeht.

Für die bei der Untersuchung feuerfester Stoffe im Laboratorium herrschenden Temperaturen kommen thermoelektrische und optische Pyrometer in Frage. Eine Umfrage hat ergeben, daß in den Anstalten, die sich mit derartigen Prüfungen befassen, in der Hauptsache Fabrikate von Hartmann & Braun, Siemens & Halske, Pyro-Werk Dr. Rudolf Hase, W. C. Heraeus in Hanau usw. in Anwendung sind.

Thermoelektrische Pyrometer bieten den Vorteil, daß der auf die Temperatur ansprechende Teil, das Thermoelement, sich auch an schwer zugänglicher Stelle anbringen läßt, während man das zugehörige Meßgerät, den Temperaturanzeiger (oder -schreiber) in beliebiger Entfernung vom Thermoelement an jedem leicht erreichbaren Ort gut sichtbar aufstellen kann. Das Prinzip des Thermoelementes besteht

bekanntlich darin, daß bei der Erhitzung der Verbindungsstelle zweier miteinander verschweißter oder verlöteter
Drähte aus verschiedenen Metallen oder Metallegierungen
eine elektromotorische Kraft entsteht, deren Größe im bestimmten Verhältnis zum Temperaturunterschied zwischen
der Verbindungsstelle der beiden Drähte und den freien
Enden des Thermoelementes steht. Von verschiedenen solchen Metallpaaren kommt für den vorliegenden Zweck nur
die Kombination Platin-Platinrhodium (verwendbar bis
1500—1600° C) in Betracht, weil alle anderen Metallpaare,
wie Kupfer-Konstantan, Eisen-Konstantan und Nickel-
Nickelchrom entsprechend nur für Höchsttemperaturen von
500, 800 und 1100° C verwendbar sind. Die Schutzrohre
der Thermoelemente bestehen aus hochfeuerfestem und tem-
peraturwechselbeständigem Spezialporzellan oder sonstigen
keramischen Massen (Höchsttemperatur 1500° C), die möglichst gasdicht sein sollen. Über die Eigenschaften solcher
Schutzröhren für Pyrometer berichtet ausführlich Dr. Funk
in der Zeitschrift „Feuerfest" 1928, Heft 1, S. 1—3. Diese
Pyrometerschutzrohre liefert die Staatliche Porzellan-
manufaktur in Meißen[1]). Außerdem stellt die Stettiner
Chamottefabrik A.-G. vorm. Didier in Stettin Pyrometerschutzrohre in allen gangbaren Abmessungen her.

Der Verwendung der thermoelektrischen Pyrometer sind
gewisse Grenzen gesetzt, da ihre Schutzverkleidungen Temperaturen oberhalb 1500° C nicht standhalten. Für die Messung höherer Temperaturen kommen also optische Pyrometer
in Frage, die sich in zwei Gruppen einteilen lassen. Bei der
einen (Teilstrahlungspyrometer) wird die Helligkeit des zu
prüfenden glühenden Körpers mit der eines geeichten Glüh-
körpers, einer Glühlampe, verglichen (Wannerpyrometer, Pyropto, Glühfadenpyrometer nach Holborn-Kurlbaum);
bei der anderen Gruppe wird die Gesamtstrahlung des glühenden Körpers durch einen Hohlspiegel oder durch eine Linse
auf einen wärmeempfindlichen Körper gesammelt und dessen
Erwärmung gemessen (Ardometer, Pyrradio). Bezüglich der
Beschreibung der Wirkungsweise, Handhabung usw. aller
dieser Konstruktionen wird auf die einschlägige reichhaltige
Literatur, sowie die ausgezeichneten einschlägigen Druckschriften der Firmen: 1. Siemens & Halske A.-G.,

---

[1]) Das Steinlaboratorium der Firma H. Koppers A.-G., Essen,
verwendet Pyrometerschutzrohre aus Sillimanit eigener Herstellung. Auch in Laboratorien bewähren sich Sillimanitrohre gut.

Wernerwerk, Berlin-Siemensstadt; 2. Hartmann & Braun A.-G., Frankfurt a. M. (Generalvertreter Koch & Bohnen, Dresden-A., Chemnitzer Str. 4a); 3. Pyro-Werk Dr. Rudolf Hase, Hannover, Schließfach 361, verwiesen. In der Abb. 71 ist der Apparat „Pyropto" gezeigt, der von der Firma Hartmann & Braun A.-G., Frankfurt a. Main, geliefert wird. Die Firma verwendet hier besondere Spitzbogenfadenlampen, durch welche das Anvisieren kleinster Körper möglich wird. Außerdem ist die Lampe und das Meßinstrument so abgeglichen, daß stets Reservekörper nachbezogen werden können, ohne daß das Instrument umgeeicht werden muß. Die Abb. 72 zeigt das Glühfadenpyrometer nach Holborn-Kurlbaum, welches von

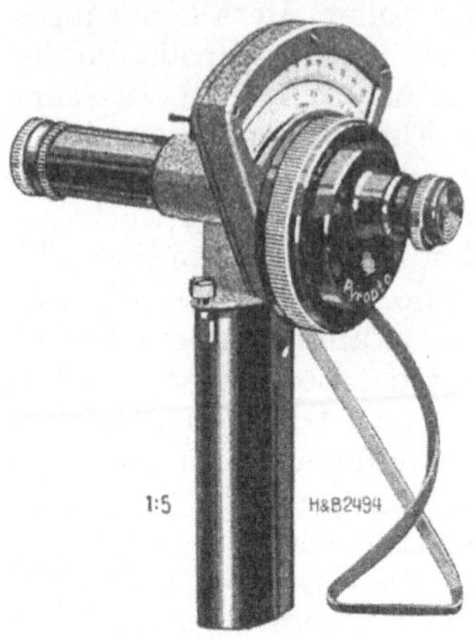

Abb. 71. „Pyropto". Optisches Teilstrahlungspyrometer von Hartmann & Braun.

Siemens & Halske A.-G., Wernerwerk, Berlin-Siemensstadt, zu beziehen ist. Die Instrumente zeichnen sich durch Handlichkeit aus und sind nicht allein für sehr hohe Temperaturen, sondern auch für Temperaturen beginnend mit etwa 700° C geeignet. Da die Apparate bei der Messung mit dem glühenden Einsatz nicht in Berührung kommen, unterliegen sie auch nicht einem Verschleiß. Der Beobachter kann bei der Ausführung der Messung ziemlich weit von dem zu untersuchenden Objekt entfernt sein. Je nach den in beliebig weiten Grenzen liegenden Temperaturen werden zwischen Objektiv und Lampe Rauchglasplatten vorgeschaltet. Diesen Apparaten haftet aber der

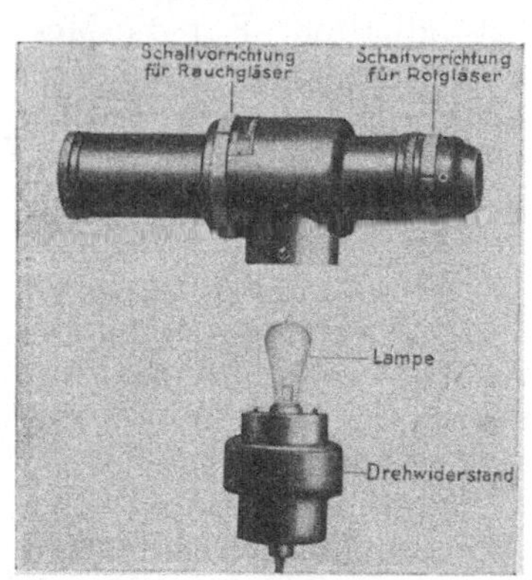

Abb. 72. Glühfadenpyrometer nach Holborn-Kurlbaum (Regelkopf mit Glühlampe abgenommen), Ausführung von Siemens & Halske.

Nachteil an, daß sie keine selbsttätige Aufzeichnung ermöglichen, da sie entsprechend den Änderungen der Temperatur stets von Hand aus nachgeregelt werden müssen. Außerdem bedürfen sie einer Hilfsstromquelle. Von diesen Fehlern sind die sogenannten Gesamtstrahlungspyrometer befreit. Die hauptsächlichsten Repräsentanten dieser, in ihrem Prinzip schon von Féry angegebenen Pyrometer sind das „Ardometer‘‘ und „Pyrradio‘‘. Auch diese Instrumente sind in den einschlägigen Firmen

Abb. 73. „Ardometer‘‘, Gesamtstrahlungspyrometer von Siemens & Halske.

schriften (vgl. oben) so ausführlich und anschaulich behandelt, daß ihre Beschreibung hier absolut entbehrlich erscheint. Ich begnüge mich deshalb nur mit dem Hinweis auf die Abb. 73 und 74, in welchen diese Instrumente gezeigt sind. Beide Instrumente lassen sich selbstverständlich mit verschiedenartigsten Anzeige- und Schreibgeräten in Verbindung bringen. Das „Ardometer‘‘ liefert Siemens & Halske A.-G., Wernerwerk, Berlin-Siemensstadt; „Pyrradio‘‘ ist von Hartmann & Braun A.-G., Frankfurt a. Main, zu beziehen.

Die Apparate des Pyro-Werk, Dr. Rudolf Hase, Hannover, erfreuen sich ebenfalls großer Verbreitung. Das sind in der Hauptsache die unter dem Namen „Pyro‘‘ und „Optix‘‘ (Abb. 75) bekannten Strahlungs- bzw. optischen Handpyrometer. In manchen Fällen zeigte sich, daß die aus dem Schauloch strahlende Wärme sowie die in unmittelbarer Nähe der Ofenwandung herrschende Temperatur derartig hohe Beträge erreichen, daß hierdurch die Pyrometergehäuse bei stationären Anlagen mit Leichtigkeit Temperaturen von 100 und mehr Celsiusgraden annehmen können. Zwar

Abb. 74. „Pyrradio‘‘, Gesamtstrahlungspyrometer von Hartmann & Braun.

ließen sich die Pyrometer an sich durch Verwendung geeigneter Isoliermaterialien oder durch Wasserkühlung für solche Ansprüche genügend widerstandsfähig bauen; man darf jedoch nicht vergessen, daß die im Innern des Instrumentes befindliche Lötstelle durch die Strahlung allein

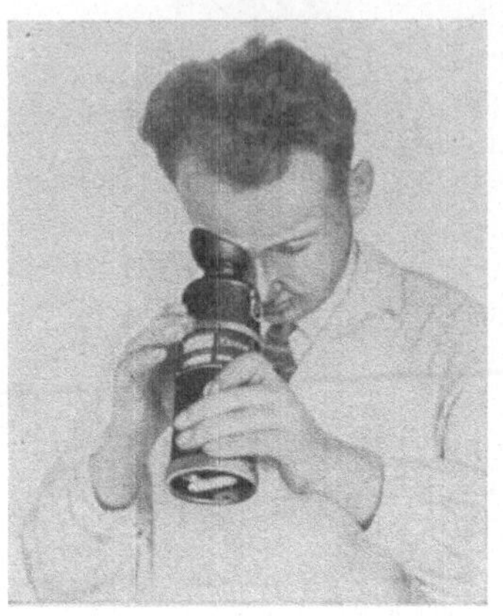

Abb. 75. Optisches Pyrometer „Optix".

hoch erwärmt wird. Die Folge hiervon sind unter Umständen Fehlanzeigen. Diesem Übel abzuhelfen, ist das „Strahlungsrohr" (Abb. 76) der Firma Pyro-Werk Dr. Rudolf Hase, Hannover, berufen, in welchem durch geeignete Maßnahmen die von außen wirkenden schädlichen Erwärmungen kompensiert werden. Das Strahlungsrohr kann mit Ablese- bzw. Schreibinstrumenten verbunden werden.

Auf den Ausstellungen gelegentlich der Versammlung der Deutschen Keramischen Gesellschaft in Heidelberg, Ende September 1929, und der Deutschen Glastechnischen Gesellschaft, Mitte November 1929 in Berlin, wurden von der Firma Ströhlein G. m. b. H., Düsseldorf 39, Aderstr. 93, handliche und billige Pyrometer für

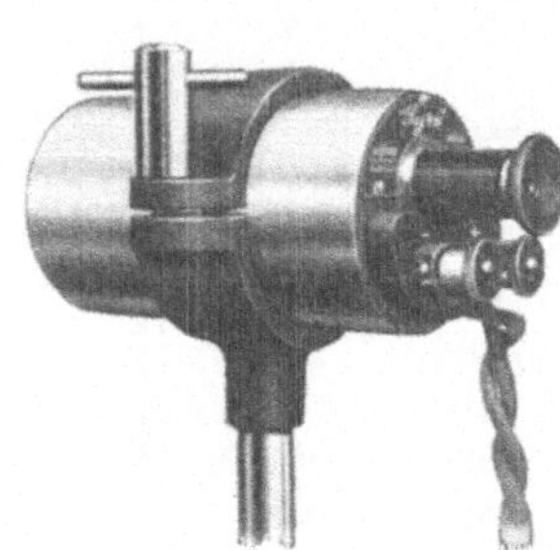

Abb. 76. Strahlungsrohr von Dr. Rudolf Hase, Hannover.

Temperaturmeßbereiche von 600 bis 1200° C („Pyroversum") auf 900 bis 1900° C (Taschenpyrometer P_2) nach Dr. H. G. Naeser gezeigt. Beide Instrumente gleichen in der äußeren Form einem Rechenschieber. Sie besitzen ein optisches Präzisionsfarbglas mit von links nach rechts zunehmender Farbdichte. Eine bewegliche Lochblende ermöglicht die Beobachtung des glühenden Körpers in der gesamten Länge des Farbkeiles. Verschiebt man den Farbkeil von links nach rechts, so erscheint der glühende Körper dem Beobachter zunächst grün, an einem Punkt in einer fast weißen Mischfarbe und dann rot. Der Punkt der Mischfarbe ergibt an der Skala direkt die Temperatur.

24. Normierte Prüfverfahren[1]).

Bereits im Juni 1925 habe ich in dem von mir während der Tagung der Glastechnischen Gesellschaft in Nürnberg gehaltenen Vortrag „Über den Normalisierungsgedanken in der Feuerfest-Industrie" auf Grund von Beispielen auf die Notwendigkeit der Vereinheitlichung der Prüfungsverfahren für feuerfeste Materialien hingewiesen. Der Vortrag wurde in Glast. Ber. Bd. III, 1925, H. 8, S. 298—306, und in Feuerfest Bd. II, 1926, H. 1, S. 1—4, veröffentlicht. Einige Monate früher (Anfang 1925) setzten in Deutschland die Arbeiten des Fachnormenausschusses für feuerfeste Baustoffe ein. Zum Arbeitsgebiet des Fachnormenausschusses gehört selbstverständlich auch die Normung der Prüfverfahren für feuerfeste Stoffe. Eine sehr gute Übersicht von Dr. Knuth über den Stand der Normung auf diesem Gebiete in Deutschland ist in Feuerfest-Ofenbau 1930, H. 3, S. 39—41, erschienen. Aus dieser Übersicht folgt, daß für die Untersuchungsmethoden (nach dem Stand vom 1. August 1929) die DIN-Blätter 1061—1067 in Frage kommen. Die Blätter 1061—1063 sind zur Zeit bezugsfertig (Beuth-Verlag G. m. b. H., Berlin S 14, Dresdener Straße 97) und behandeln der Reihe nach die Probeentnahme (1061), chemische Analyse (1062) und Feuerfestigkeitsbestimmung nach Segerkegeln (1063). Die restlichen normierten Prüfverfahren beziehen sich auf: Erweichung bei hohen Temperaturen der Belastung (1064), spezifisches Gewicht, Raumgewicht und Porosität (1065), Nachschwinden und Nachwachsen (1066) und Druckfestigkeit bei Zimmertemperatur (1067). Zum Teil liegen die Prüfverfahren 1064—1067 erst im Entwurf vor; zum Zeitpunkt der Drucklegung der vorliegenden Arbeit werden wahrscheinlich[2]) einige von diesen Normenblättern, so vor allem DIN 1064 (benannt: Druck-Feuerbeständigkeit), ebenfalls bezugsfertig sein. Ferner sind noch die Entwürfe 1068 (Prüfung auf Temperaturwechselbeständigkeit) und 1069 (Verschlackungsbeständigkeitsprüfung) zu erwähnen, die demnächst veröffentlicht werden sollen.

---

[1]) Es sei ausdrücklich darauf hingewiesen, daß dieser Abschnitt die Normungsarbeiten auf dem Gebiete feuerfester Materialien nur insofern behandelt, als die vorhandenen Normen (Blätter, Entwürfe, Vorschläge usw.) die Prüfungsmethoden ganz oder teilweise mit umfassen. (Vgl. Meßtechnik 1930, H. 1, S. 3—5.)

[2]) Während des Druckes der vorliegenden Arbeit sind die DIN-Blätter Nr. 1064, 1065, 1067 erschienen.

Am weitesten ist die Normung der Prüfverfahren für feuerfeste Baustoffe in den Vereinigten Staaten von Nordamerika fortgeschritten. Eine ausgezeichnete Zusammenstellung der sämtlichen für USA. in Frage kommenden Feuerfestnormenvorschriften[1]) findet sich im J. Amer. Cer. Soc. Bd. 11, 1928, im Heft 6 auf S. 335—530. Diese Arbeit ist ausführlich in den Glast. Ber. Bd. VI, 1928, H. 9 S. 541—554. und in Feuerfest-Ofenbau 5, 1929, S. 56—60, referiert worden. Neuerdings berichtet Prof. Dr. Steger in einer Aufsatzreihe in der Tonind.-Ztg. über die gesamte Entwicklung des Feuerfestnormungswesens in Amerika in ausführlicher und anschaulicher Weise und bringt in einem besonderen Anhange die wörtliche Übersetzung der wichtigsten Vorschriften; es handelt sich um die Hefte 67—70, 72, 84, 86, 93, 98, 100, 102/103 und 104 der Tonind.-Ztg. vom Jahre 1929.

In Rußland wurde mit vorbereitenden Arbeiten für die Normung auf diesem Gebiete ebenfalls vor einigen Jahren begonnen. Die Normenblätter des „Promstandard" Abt. „Silikat" Untergruppe „Feuerfeste Erzeugnisse" NN 1 und 3 umfassen Probenahme, Bestimmung des Kegelschmelzpunktes und Prüfung auf Druckfestigkeit bei Schamotteziegeln. Es sei aber darauf hingewiesen, daß auch in dem Normenblatt OST 89 (Silikaziegel), herausgegeben vom Standardkomitee des Rates für Arbeit und Verteidigung der Sowjet-Union, folgende normierte Prüfverfahren enthalten sind: Probenahme, Schmelzpunktbestimmung, Druckfestigkeitsbestimmung, spezifisches Gewicht, Raumgewicht und chemische Analyse. Desgleichen enthält das Normenblatt OST 75 (Schamotteziegel) Vorschriften zur Prüfung auf Feuerfestigkeit, Nachschwinden, Temperaturwechselempfindlichkeit und Druckfestigkeit. Zur Orientierung möge auf die Arbeit von L. Gesburg in Keramika i Steklo 1928, H. 11, S. 315—319, hingewiesen werden. Danach sollen die von der Abteilung für Rationalisierung und Standardisierung des W. S. N. Ch.[2]) herausgegebenen Vorschriften für Untersuchungsverfahren vom Obersten Volkswirtschaftsrat der Sowjet-Union bereits am 2. März 1923 genehmigt worden sein. Als Vorläufer der zu erwartenden weiteren Standardsprüfungsmethoden für Tone und feuerfeste Erzeugnisse in Rußland kann man die beiden neueren, erst kürzlich (1929) erschienenen größeren Werke

---

[1]) Es befassen sich hiermit in den Staaten verschiedene Organisationen.

[2]) Die dortige Bezeichnung für den Obersten Volkswirtschaftsrat.

auffassen: 1. Schamottemassen, Kollektivarbeit von 15 Autoren, Berichte des Staatlichen Keramischen Forschungsinstituts in Leningrad; Bd. 16, Moskau 1929, und 2. Materialien zur Erforschung ukrainischer Kaoline, von B. Lyssin und E. Galabutskaja, Kiew 1929. Ergänzend möge noch erwähnt werden, daß das maßgebende Leningrader Staatliche Keramische Institut bei Untersuchungen von Silikaten analytische Methoden anwendet, welche in der (von W. Jskül ins Russische übersetzten) amerikanischen Arbeit von W. F. Hillebrand, The Analysis of Silicate and Carbonate Rocks. Bull. Nr. 700 of the U.S.G.S., angegeben sind. Aus einer Mitteilung von Prof. P. Budnikoff, der sich übrigens eingehend mit vorbereitenden Arbeiten auf dem Gebiete der Normalisierung von Glas- und Koksofensteinen befaßte, geht hervor, daß die von Ing. L. Gesburg ausgearbeiteten Normenentwürfe für Silika und Schamottematerial in Glasschmelzöfen zur Zeit kurz vor der Verabschiedung stehen; in diesen Entwürfen sind auch die in Frage kommenden Untersuchungsmethoden mit enthalten.

Über die Anfänge der Normalisierung der keramischen Prüfungsverfahren in der Tschechoslowakei berichtet O. Kallauner in der Tondin.-Ztg. 1927, Nr. 10, S. 1833 bis 1834. Für die Vereinheitlichung der Prüfungsverfahren der feuerfesten Stoffe in der tschechoslowakischen Republik hat sich besonders eifrig Dr.-Ing. F. Kanhäuser, Kaznejov bei Pilsen, eingesetzt. Gültige normalisierte Untersuchungsmethoden für feuerfeste Materialien im Sinne der deutschen und amerikanischen Normenblätter sind in der Tschechoslowakei noch nicht vorhanden, man beginnt aber anscheinend, die Einführung derselben vorzubereiten. Aus einer Mitteilung von Professor Kallauner geht hervor, daß Ingenieur Spazier, Chef des Zentrallaboratoriums des Eisenbahnministeriums, in der letzten Zeit eine größere Arbeit über die Feststellung der Unterlagen zur Bewertung des Schamottematerials zur Ausmauerung von Lokomotiven unternommen hat. Die Ergebnisse dieser Arbeit wurden in mehreren Nummern des Jahrganges X der Zeitschrift Stavivo[1]) veröffentlicht. Das Eisenbahnministerium beabsichtigt, auf Grund dieser Untersuchungen nähere, über das für Lokomotiven zu verwendende Schamottematerial Vorschriften herauszugeben. Aus der Arbeit kann man sich

---

[1]) Auch als Sonderdruck in Brno (Brünn) 1929 erschienen.

ein Bild von den in der Tschechoslowakei zur Zeit bevorzugten Prüfverfahren und Apparate machen.

In Österreich, Belgien, Ungarn, Polen[1]), Italien, Schweiz, Finnland, Holland, Schweden, und Norwegen gibt es bislang keine normierten Prüfverfahren für feuerfeste Stoffe.

In Frankreich hat man ebenfalls vor einiger Zeit begonnen, sich mit der Normung feuerfester Baustoffe zu befassen, ist aber auf dem Gebiet der Normalisierung der Prüfverfahren hierfür noch nicht weit gekommen. In den Lieferungsbedingungen der feuerfesten Produkte für Dampfkessel (Cahier des Charges pour Produits Réfractaires pour Foyers de Chaudières), welche vom Verband der französischen Fabrikanten feuerfester Erzeugnisse angenommen worden sind (vgl. Céramique Bd. XXVI, Jahrg. 1923, Juniheft, S. 200—208), befinden sich zwar einige kurze Hinweise auf die hierbei anzuwendenden wichtigsten Prüfverfahren; desgleichen in den zwei Vorschriften (Cahier de Charges Nr. 1 und Nr. 2) für feuerfeste Mörtel („Annuaire du Syndicat des Fabricants des Produits Céramiques de France" 1927, S. 424—429). Dagegen sind in dem einzigen von „Afnor" (Association Française de Normalisation, Commission Permanente de Standardisation) auf dem Feuerfestgebiete herausgegebenen Normblatt (Fascicule B_2—3), welches sich auf Formgebung feuerfester Stoffe bezieht, keine Prüfvorschriften enthalten. Im übrigen gelten in Frankreich die Untersuchungsmethoden als maßgebend, deren sich das unter Leitung von V. Bodin befindliche Laboratoir officiel du Syndicat des Fabricants de Produits Céramiques de France bedient. Dieses Laboratorium ist zugleich auch die offizielle Stelle für die Section des Fabricants de Produits Réfractaires des erwähnten keramischen Syndikats. Eine ausführliche Beschreibung der von diesem Laboratorium angewandten Prüfungsmethoden befindet sich in Céramique Bd. XXVII, 1925, Nr. 443, S. 1, und in Chim. Ind. Numéro-Spézial, vom Mai 1924. Ferner sei darauf hingewiesen, daß, wie es mir V. Bodin mitteilt, die in Frankreich üblichen Prüfungsverfahren für feuerfeste Erzeugnisse von ihm neuerdings in einer späteren Arbeit zusammengefaßt worden sind. Dieselben befinden sich in einem Anhang zu seinem Vortrag „Les produits réfractaires pour hauts

---

[1]) In Polen befindet sich das erste Normungsblatt zur Zeit in Vorbereitung.

fourneaux", gehalten auf dem 7. Kongreß für industrielle Chemie am 16. bis 22. Oktober 1927. Der Vortrag ist abgedruckt in Chim. Ind. Bd. 19, 1928, Sondernummer 4 bis S. 444—453. In dem Anhang sind die oben erwähnten in dem von Bodin geleiteten Laboratorium angewandten Prüfungsverfahren angegeben, die übrigens mit denjenigen des Laboratoire du Conservatoire National des Arts & Métiers identisch sind. Es handelt sich hier um folgende Prüfungsvorschriften: Porosität, Dichte, Abnutzungs- und Reibungswiderstand, Schlag- bzw. Stoßfestigkeit, Druckfestigkeit, Schmelzpunkt, Verhalten im Feuer, Druckerweichung, Temperaturwechselbeständigkeit, Wärmeausdehnung und Verhalten gegen Schlacken, Dämpfe usw.

Wie weit in den letzten Jahren die Normung der Prüfungsverfahren für feuerfeste Stoffe und Erzeugnisse in England fortgeschritten sind, läßt sich zur Zeit nicht genau verfolgen. Es verdient aber auf alle Fälle festgestellt zu werden, daß in England solche Normen bereits seit längerer Zeit vorhanden sind. Abgesehen von früheren (schon 1912 bekanntgewordenen) diesbezüglichen Publikationen, ist zunächst auf die einheitlichen Vorschriften zur Ausführung von einschlägigen Untersuchungen hinzuweisen, die vom Refractory Materials Committee of the Institution of Gas Engineers aufgestellt und von Mellor in Engg. Bd. 106, 1918, S. 540 bis 542, 569—572, in Transact. Cer. Soc. (Engl.) Bd. 17, (1917/18), S. 300—330 (Refer.: Ker. R. 1922, S. 527—528), und an anderen Stellen publiziert wurden. 1922 wurden diese Normen revidiert, 1925 erweitert. In dieser erweiterten Form wurden sie von der Institution of Gas Engineers in einer besonderen Broschüre veröffentlicht. Daneben hat auch die Society of Glass Technology (in Zusammenarbeit mit der Englischen Keramischen Gesellschaft) vorläufige Normen (Provisional Specifications) für verschiedene in der Glasindustrie gebräuchliche feuerfeste Erzeugnisse aufgestellt, die in Trans. Soc. Glass Technology Bd. 3, 1919, S. 3—14, und in Transact. Cer. Soc. (Engl.) Bd. 18, 1918/19, Part II, S. 420—430[1]), veröffentlicht wurden; ausführliche Referate hierüber befinden sich in: Ker. R. 1920, S. 378, H. 5, S. 23 bis 25, Vortr. Ker. Fachgruppe Aussig 1923/24, S. 113—115 und Glast. Ber. Bd. I, 402 und 436. Aus dem zuletzt genannten Referat folgt übrigens, daß in diesen Vorschriften die

---

[1]) Vgl. auch die S. 255—263 und 376—517 des gleichen Buches.

Methoden der Analysen und Prüfung mit denjenigen in den Transact. Cer. Soc. (Engl.), Bd. 17, 1917/18,. S. 300—330, mitgeteilten übereinstimmen.

In dem Normenblatt des „Japanese Engineering Standard" N 10 A 3 (Fire Bricks) ist die Feststellung des Kegelschmelzpunktes beschrieben.

Aus Kanada, Australien und anderen größeren Staaten konnten zuverlässige oder zum Teil überhaupt irgendwelche Angaben bis jetzt nicht erlangt werden.

Ich bin am Schluß meiner Ausführungen. Ohne einen Anspruch auf absolute Vollständigkeit zu erheben, will ich hoffen, daß es mir gelungen ist, soweit es der Raum ermöglichte, einen ausreichenden Abriß des Sondergebietes der Prüfung feuerfester Stoffe gegeben zu haben und hiermit eine Lücke in der Fachliteratur auszufüllen. Dieses um so mehr, als Einzelpublikationen vorstehender Art, zugeschnitten nur auf die Einrichtung von Prüfanstalten für feuerfeste Materialien und Erzeugnisse, in der Öffentlichkeit bisher nicht bekannt geworden sind[1]). Bei der Beurteilung der vorliegenden Arbeit wolle man den Zweck derselben, wie in der Einleitung geschildert wurde, nicht außer acht lassen.

---

[1]) Allerdings findet man in der Spezialliteratur zerstreut Angaben anderer Art; im Zusammenhang mit meiner Veröffentlichung können diese Angaben von Nutzen sein. Es handelt sich bei den anderen Arbeiten vorzugsweise um Versuche, die Placierung von Apparaten in Laboratorien feuerfester Erzeugnisse zu zeigen; zum Teil schildern diese Arbeiten auch das Aussehen eines solchen Laboratoriums und bringen ab und zu auch interessante bauliche Pläne hierfür. Diesbezügliche Publikationen findet man, soweit mir bekannt ist, unter anderem an folgenden Stellen: 1. Bull. Am. Cer. Soc. VII (1928), Nr. 9, S. 260 267; Referat: Feuerfest-Ofenbau V (1929), Heft 4, S. 70—71; zum Teil auch Heft 11, S. 187; 2. Iron Trade Rev. 84 (1929), Nr. 16 vom 18. April, S. 1049—1051; 3. Zpravy Cesco-Slov. Keram. Spol. Band 1 (1924), Heft 2, S. 94—121; 4. Glückauf 1929, Heft vom 26. Januar, S. 144—146; 5. Techn. Nowosti, Bulletin NTU WSNCh USSR August 1929, S. 33—34 (vgl. auch Feuerfest-Ofenbau Bd. 5, 1929, Heft 4, S. 83); 6. Oberschl. Wirtsch. I (1926), Nr. 6, S. 283—293 bzw. Ber. d. Deutsch. Ker. Ges. 7 (1926), Heft 4, S. 173—190; 7. Stahl und Eisen 1928, Heft 35, S. 1208—1212 bzw. Sprechsaal 1928, Heft 35, S. 685—686; Genie Civil Bd. 95 (1929), Nr. 20, S. 493 usw. usw. Die Schriftleitung der Zeitschrift „Feuerfest-Ofenbau" ist bereit, bei der Beschaffung solcher Beschreibungen nach Möglichkeit behilflich zu sein. Ferner vgl. zum Teil in: 8. Jubiläumsschrift der Stettiner Chamottefabrik A.-G., Berlin, S. 82—83; 9. Koppers Mitteilungen, Jahrgang 10 (1928), Heft 4, S. 165—168, und 10. Katalog „Die feuerfesten Erzeugnisse der Firma Dr. C. Otto & Comp." G. m. b. H., Bochum, S. 35—38.

Vor der Drucklegung dieser Arbeit bat ich Frl. Lux und die Herren Prof. Dr. Steger, Dr. Miehr, Dr. Knuth, Dr. Kratzert und Dr. Hartmann um die Durchsicht des Manuskriptes. Ich erhielt von diesen geschätzten Fachleuten eine Reihe interessanter Hinweise und Anregungen, die ich in vorstehender Arbeit verwertete. Einer solchen Unterstützung gebührt ein ganz besonderer Dank, den ich hiermit an dieser Stelle zum Ausdruck bringe.

Führende Firmen
bevorzugen
MÜLLER
KREUZFOKUS
UND
NEO-
MATWA
METALIX
RÖHREN
für die
Material-Prüfung
mit
Röntgenstrahlen
2265
C.H.F.MÜLLER AKTIENGESELLSCHAFT
SPEZIALFABRIK FÜR RÖNTGENRÖHREN
HAMBURG-BERLIN-KÖLN-FRANKFURT a/M.-MÜNCHEN
WIEN-PRAG-WARSCHAU-BUDAPEST-BELGRAD-ZÜRICH-ROM-MAILAND

VERLAG VON OTTO SPAMER IN LEIPZIG C1

FEUERFEST

ZEITSCHRIFT FÜR GEWINNUNG, BEARBEITUNG, PRÜFUNG UND VERWENDUNG FEUERFESTER STOFFE SOWIE INSBESONDERE FÜR

OFENBAU

Schriftleitung: OBER-ING. L. LITINSKY

Erscheint monatlich einmal seit 1925 / Vierteljährlich RM 5.—

Nach dem Ausland RM 6.—

Die Zeitschrift stellt sich die Aufgabe, ein Bindeglied zwischen Verbrauchern und Erzeugern zu werden. Da jede Industrie, jeder Fabrikationsprozeß an das feuerfeste Material besondere Ansprüche stellt, so ist für dieses Industriegebiet ein Fachorgan ein tatsächliches Bedürfnis, um den modernen Methoden der Gewinnung, der Bearbeitung, der Prüfung und der Verwendung nachfolgen zu können. Das Programm der Zeitschrift umfaßt die Gewinnung und Aufbereitung der Rohstoffe, die Bearbeitung dieser Stoffe zu feuerfesten Steinen, die Anforderungen der verschiedensten Industriezweige, die charakteristischen Eigenschaften einzelner Fabrikationsprozesse in ihren typischen Wechselwirkungen, die Prüfung und Beurteilung der feuerfesten Stoffe und schließlich Normalisierungsfragen; anderseits wird auch das Gebiet des Industrieofenbaues behandelt, wobei nicht nur Ofenkonstruktionen, sondern auch Fragen, die mit der wirtschaftlichen Seite der Ofenbauprobleme zusammenhängen, berücksichtigt werden.

Probenummern kostenlos vom Verlag

SCHAMOTTE UND SILIKA

IHRE EIGENSCHAFTEN, VERWENDUNG UND PRÜFUNG

Von OBER-ING. L. LITINSKY

Mit 75 Abbildungen im Text und auf 4 Tafeln und 43 Zahlentafeln im Text

Preis geheftet RM 24.—, gebunden RM 27.—

Stahl und Eisen: Der durch die Herausgabe der Zeitschrift „Feuerfest" in weiten Kreisen bekannt gewordene Verfasser füllt mit dem vorliegenden Werke eine empfindliche Lücke im Schrifttum über feuerfeste Erzeugnisse aufs glücklichste aus. Während über die Rohstoffe und die Herstellung mancherlei vorliegt, sind hier zum ersten Male die Ansprüche des Verbrauchers an feuerfeste Steine für die verschiedensten Industriezwecke unter praktischen Gesichtspunkten zusammengestellt.

Keramos: Wir stehen nicht an, das Buch als eines der besten auf diesem Gebiet zu bezeichnen ...

Zeitschrift für die gesamte Gießereipraxis: Das Werk ist mit großer Sachkenntnis und Gründlichkeit bearbeitet worden und bedeutet ohne Zweifel eine wertvolle Bereicherung unseres Schrifttums auf dem Gebiete der Feuerungstechnik.